STUDY ON DIFFUSION SYSTEM OF ATMOSPHERIC DUST

汪维刚　著

U0190450

大气尘埃扩散系统研究

中国科学技术大学出版社

内 容 简 介

本书为安徽省高校自然科学研究重点项目"大气尘埃扩散系统的渐近性及精确化研究"(KJ2019A1261)建设成果之一,利用一种改进的泛函迭代近似解析方法研究大气尘埃扩散模型。主要内容包括:大气尘埃扩散系统理论、大气尘埃扩散系统模型的研究框架及其研究方案、研究的开展及其阶段性成果、预期成果达成度等。

本书可供理工科院校学生阅读,以了解大气尘埃扩散研究的相关理论和方法,也可作为相关科技工作者的参考书。

图书在版编目(CIP)数据

大气尘埃扩散系统研究/汪维刚著. —合肥:中国科学技术大学出版社,2021.12

ISBN 978-7-312-05317-7

Ⅰ. 大…　Ⅱ. 汪…　Ⅲ. 大气扩散—数学模型　Ⅳ. X169

中国版本图书馆 CIP 数据核字(2021)第 206505 号

大气尘埃扩散系统研究

DAQI CHENAI KUOSAN XITONG YANJIU

出版	中国科学技术大学出版社
	安徽省合肥市金寨路 96 号,230026
	http://press. ustc. edu. cn
	https://zgkxjsdxcbs. tmall. com
印刷	江苏凤凰数码印务有限公司
发行	中国科学技术大学出版社
经销	全国新华书店
开本	710 mm×1000 mm　1/16
印张	5
字数	80 千
版次	2021 年 12 月第 1 版
印次	2021 年 12 月第 1 次印刷
定价	30.00 元

作 者 简 介

  汪维刚,合肥幼儿师范高等专科学校教授,主要研究方向为应用数学、数学物理。主持安徽省高校自然科学重点课题 2 项、安徽省教育规划课题 1 项;参与中国科学院战略规划 1 项、国家自然科学基金项目 3 项、教育部师范类综合改革项目 1 项、安徽省高校自然科学重点课题 2 项;作为第一作者或主要作者发表 SCI/EI 论文 2 篇、二类论文约 30 篇;出版专著 4 部;荣获 2019 年安徽省教学成果奖二等奖。

前　　言

本书为安徽省高校自然科学研究重点项目"大气尘埃扩散系统的渐近性及精确化研究"（KJ2019A1261）建设成果之一，本书不仅具有重要的理论意义和学术价值，还具有广阔的应用前景。

在研究内容上，本书涉及非线性泛函分析、随机微分方程和随机控制等，笔者从非线性大气尘埃扩散系统解的存在性和渐近稳定性、高精度解的存在性和有效性、小参数对系统的渐近性的影响、系统的可精控性问题等方面展开研究。目前，关于这些方面的研究成果较少，尤其是本书论述的小参数对系统渐近性的影响等问题，为系统的定性研究注入了新的内容。另外，书中论述的内容具有很强的现实意义，如沙尘暴、雾霾等尘埃颗粒物的污染给人类社会造成了很大程度的危害，开展与此相关的研究可以为更准确地预报天气、提高空气质量、减少灾害和环境污染、改善大气环境等提供理论指导。

在研究方法上，奇摄动方法和随机发展方程及其应用是近年来受国内外众多学者关注的研究热点，本书使用泛函分析、算子理论和无穷维随机分析等方法开展相关研究，特别是对渐近性和可控性问题的研究。

与传统方法相比，本书提出了一种新的研究方法——一种改进的泛函迭代近似解析方法，并应用它对当前科学研究的热点问题之一——大气尘埃扩散系统进行了研究，其结果具有较高的精度和稳定性，能够为政府的科学决策提供重要参考和依据。同时，也可为企业制定排放标准和细化监督指标提供指导，因此具有较高的实用价值。

　　本书为项目研究成果,项目组有 10 位成员,在此感谢他们在项目研究过程中的无私付出,以及在本书写作过程中给予的大力支持和热情帮助。另外,笔者参阅了大量的图书、论文,在此向各位作者致以衷心的感谢!

　　本书在细述研究成果和方法的同时,简要地介绍了研究流程,希望能对广大读者有所启迪。限于作者水平,书中难免有疏漏之处,敬请广大读者和专家批评指正。欢迎大家联系 wwg013350@sina.com 进行学术交流。

汪维刚

2021 年 5 月于乐天陋室

目　　录

前言 …………………………………………………………………………（ⅰ）

第1章　引论 …………………………………………………………………（ 1 ）

　1.1　研究的背景与必要性 …………………………………………………（ 1 ）

　1.2　研究的基础 ……………………………………………………………（ 3 ）

第2章　研究的设计和过程 …………………………………………………（ 5 ）

　2.1　研究的思路 ……………………………………………………………（ 5 ）

　2.2　研究的目标 ……………………………………………………………（ 5 ）

　2.3　研究的内容 ……………………………………………………………（ 5 ）

　　2.3.1　具体内容 …………………………………………………………（ 5 ）

　　2.3.2　拟解决的关键问题 ………………………………………………（ 6 ）

　　2.3.3　研究内容上的创新 ………………………………………………（ 6 ）

　2.4　研究的技术路线和方法 ………………………………………………（ 7 ）

　　2.4.1　具体方法和技术路线 ……………………………………………（ 7 ）

　　2.4.2　研究方法上的创新 ………………………………………………（ 8 ）

第3章　大气尘埃扩散系统的理论和方法 …………………………………（ 9 ）

　3.1　大气尘埃扩散系统的性态理论

　　　　——大气尘埃等离子体扩散问题奇异摄动解 ………………………（ 9 ）

　　3.1.1　尘埃等离子体流体力学系统 ……………………………………（ 9 ）

　　3.1.2　尘埃等离子体扰动KP方程 ……………………………………（11）

　　3.1.3　扰动KP方程外部解 ……………………………………………（11）

　　3.1.4　扰动KP方程初始层校正项 ……………………………………（12）

　　3.1.5　解的一致有效性 …………………………………………………（14）

　　3.1.6　应用 ………………………………………………………………（15）

　3.1.7　进一步探索解的物理意义 ·············· （18）

　3.2　大气尘埃扩散系统的分布理论

　　　——大气尘埃扩散渐近轨线 ·············· （18）

　3.3　大气尘埃扩散系统的扩散理论

　　　——一类双参数非线性高阶反应扩散方程的摄动解法·········· （20）

　　3.3.1　外部解 ·············· （20）

　　3.3.2　解的边界层校正项 ·············· （22）

　　3.3.3　解的初始层校正项 ·············· （24）

　　3.3.4　微分不等式 ·············· （25）

　　3.3.5　渐近解的一致有效性 ·············· （27）

　　3.3.6　结论 ·············· （28）

　3.4　大气尘埃扩散系统的求解理论

　　　——具有边界摄动的反应扩散时滞方程奇摄动问题·········· （29）

　　3.4.1　外部解 ·············· （29）

　　3.4.2　构造初始层校正项 ·············· （30）

　　3.4.3　结论 ·············· （32）

　3.5　大气尘埃扩散系统的稳态渐近解求解方法

　　　——两参数奇摄动非线性椭圆型方程 Robin 边值问题的广义解 （34）

　　3.5.1　非线性椭圆型 Robin 问题 ·············· （34）

　　3.5.2　广义解 ·············· （35）

　　3.5.3　外部解 ·············· （36）

　　3.5.4　边界层校正 ·············· （37）

　　3.5.5　结论 ·············· （40）

第 4 章　研究的结论、意义及其预期成果达成度 ·············· （42）

　4.1　研究的流程 ·············· （42）

　4.2　研究的结论、意义 ·············· （44）

　4.3　预期成果达成度 ·············· （44）

附录　常见大气科学研究的数学物理方法 ·············· （46）

参考文献 ·············· （59）

第 1 章　引　　论

1.1　研究的背景与必要性

大气中的自然尘埃的来源很多,通常主要有三大类:植物性粉尘、沙尘及海盐粒子。它们均占全球大气基本气溶胶总量的 20% 以上。我国的气候、地理和地质情况表明,这些物质(尤其是沙尘)皆可能在大气中存在。然而它们在我国大气中的分布及在自然尘埃中所占的比例是存在地区性和季节性规律的,因此有必要在全国范围内实行统一观测,开展系统研究,并进行大气中的自然尘埃环境背景的区划。自然尘埃是我国大气特征中不可忽视的环境因子,因此该区划将是我国环境区划中不可缺少的重要内容。我国疆域辽阔,各地环境状况不一,有了全国环境区划后,各个地区即可根据本地区的区域环境特征来制定本地区的环境政策。大气中的自然尘埃不仅关系大气本身的物理、化学性质,以及人类赖以生存的大气的质量,还关系全球气候的变化(既有研究中有大气中的自然尘埃造成气温的冷房效应和温室效应等学说),甚至与地质环境的缓慢演化也有关。

众所周知,非线性扩散方程在凝聚态物理、量子物理、流体力学、光学等领域中有很广泛的应用,其求解方法也在不断地改进和创新。为此,很多学者做了大量的工作。

近似解析方法就是一个新的求解方法,它改变了单纯使用数值模拟来求解的性态,而是通过解析理论方法得到解的近似表达式。它的好处是可以在近似表达的解析式的基础上,通过解析运算来对解的性态进行更进一步的研讨。

目前,许多近似解析方法正在大发展中,如平均法、合成展开法、边界层法、匹配法、同伦映射法和多重尺度法等。笔者等人也用近似解析方法研究了一些非线性扩散方程的问题。

因为大气尘埃在扩散时除了相互碰撞外,还受到周围电场和磁场的影响,所以大多以离子形式出现。非线性扩散方程已经被广泛应用于凝聚态物理应用技术中,具有良好的应用前景。本书试图利用一种改进的泛函迭代近似解析方法——广义泛函迭代方法来研究大气尘埃扩散模型。

用广义泛函迭代方法来求非线性方程的物理问题的近似解析解是近年来兴起的一种新的方法,这种理论和方法还在不断地创新发展中。本方法得到的是用数学解析式表述的对应模型的近似解,因此对所得的各次泛函近似式还可以进行微分、积分等解析运算,从而得到与原未知函数有关的物理量的近似表达式。这也是常规的龙格库塔法、差分法、有限元法、模拟法等数值方法难以实现的。尤其是,使用本广义泛函迭代方法能够较简便地得到具有突变型的特异性态的解的近似表达式,若单纯使用传统的数值解法,则其运算过程会比较烦杂。而且在具有突变等性态的区域内,如孤波、冲击层、转向点等的邻域内,使用一些较古典的方法求解往往会忽略其物理特性,导致在这些区域内所得解与真实解有较大的偏离。

利用解析式来表达非线性扩散方程的物理问题的解,近来已经有了一些新的研究方法,如 Jacobi 椭圆函数法、双曲函数法、G'/G 展开法、修正的 CK 方法、非经典李群方法、齐次平衡法等。这些方法在一定的场合下,能得到很好的结果。但是,这些方法的求解往往只适用于具体的特殊非线性方程,可求解的面受到一定的限制。而本书使用的广义泛函迭代方法求近似解的面比较广,对方程的非线性项的表示式也没有很具体的要求,甚至一般表示式也能通过本广义泛函迭代的通式得到相应问题的各次泛函近似解析解。此外,广义泛函迭代方法还有一个与其他求近似解析解的方法不同的特点,即广义泛函迭代方法是建立在泛函分析的函数空间下的,因此讨论的对象无论是物理模型的结构,还是近似解,都可在泛函分析的广义函数空间意义下进行。同时,用广义泛函迭代方法求解模型的泛函近似解析解的物理意义就是,找出对应系统的变化趋势等性态,并得出其结果符合实际情况发生规律的程度,且得出对应系统的有关参数,使得模型达到最佳状态。通过所述的分析、计算,以及使用广义解析的方法获得的解的解析表达式,并通过数学解析表达式对模型的各物理量性态作更深入的解析,使得对问题的发展趋势有一个更好的预测。

本研究旨在寻找更高次的泛函近似解析解,以便得到更精确的结果,使其与模型的实际情况更接近。

1.2　研究的基础

笔者近年来主要从事非线性泛函分析,随机发展系统的适定性、可控性应用研究,大致掌握了处理此类问题的基本技巧和方法。这里简单地回溯并梳理一下,相关的前期研究工作主要包括:2010 年主持安徽省教育规划课题 1 项(课题编号 JG10068);2013 年作为主要参与人参了安徽省高校自然科学重点课题的研究工作,课题名称是"几类无穷维随机系统的渐近性及能控性研究"(KJ2013A133,皖教秘科〔2013〕6 号),依托此课题发表二类及以上学术文章 9 篇;2017 年主持安徽省高校自然科学重点课题的研究工作,课题名称是"一类广义非线性薛定谔扰动耦合系统的渐近性及精确化研究"(KJ2017A901,皖教秘科〔2017〕12 号),课题结题等级为优秀,依托此课题发表二类及以上学术文章 10 篇,出版学术专著 1 部;2018 年作为指导教师参与了安徽省高校自然科学重点课题的研究工作,课题名称是"基于面板数据的气象数据变结构点研究"(KJ2018A0964,皖教秘科〔2018〕31 号),依托此课题发表二类及以上学术文章 7 篇;2019 年主持了安徽省高校自然科学重点课题的研究工作,课题名称是"大气尘埃扩散系统的渐近性及精确化研究"(KJ2019A1261,皖教秘科〔2019〕54 号),依托此课题发表二类及以上学术文章 11 篇。此外,笔者参与中国科学院战略规划课题 1 项,国家自然科学基金项目 3 项,教育部师范类专业综合改革项目(09 - 182 - PY)1 项。近十年来,笔者还积极参与中国摄动研究会组织的科研活动,在开展研究的过程中得到了摄动研究会同行的鼓励及无私帮助。这些都给本书的顺利写作奠定了坚实的基础。

本书试图利用一种改进的泛函迭代近似解析方法来研究大气尘埃扩散系统模型:第 1 章介绍了研究的背景、必要性以及研究的基础;第 2 章介绍了研究的设计和过程,包括研究的思路、目标、内容(含拟解决的关键问题和内容上的创新)、技术路线和方法(含研究方法上的创新);第3章介绍了大气尘埃扩散系统的理论和方法;第4章介绍了研究的结论、意义及其预期成果达成度。为了理解和交流的方便,附录介绍了《常见大气科学研究的数学物理方法》。

第 2 章　研究的设计和过程

2.1　研究的思路

在参考现有文献中关于求解非线性扩散模型解的研究基础上,利用非线性泛函分析理论、摄动原理、算子理论和不动点原理等作为工具,对所研究的系统的渐近性和可精控性等问题作深入探讨,在理论和方法上实现新突破。

2.2　研究的目标

(1) 给出大气尘埃扩散系统一致有效渐近解。
(2) 给出大气尘埃扩散系统稳定性的充分条件。
(3) 给出小参数对扩散系统影响的条件式。
(4) 给出扩散系统渐近性及精确可控的充分条件。

2.3　研究的内容

2.3.1　具体内容

(1) 研究非线性大气尘埃扩散系统解的存在性和渐近稳定性,研究高精度解的存在性和有效性。

（2）利用摄动原理和不动点原理研究小参数对系统渐近性的影响。

（3）研究上述系统的可精控性问题。

2.3.2　拟解决的关键问题

（1）非线性大气尘埃扩散系统解的存在性和渐近性。其关键在于初始条件中非线性函数的处理，拟对初始条件中的非线性连续函数施加一定的限制，再综合使用算子理论和不动点原理证明解的存在性，进而研究其渐近性。

（2）非线性大气尘埃扩散系统高精度解的存在性和求解方法。其关键在于泛函的选取，同时构造合适的压缩算子，采用不动点定理和微分不等式等研究解的存在性和渐近性。

2.3.3　研究内容上的创新

本研究涉及非线性泛函分析、随机微分方程和随机控制等学科，笔者将从研究非线性大气尘埃扩散系统解的存在性和渐近稳定性、高精度解的存在性和有效性、小参数对系统的渐近性的影响、系统的可精控性问题等方面展开研究，这些方面目前的科研成果较少，特别是研究小参数对系统的渐近性影响等问题，将为系统的定性研究方面注入新的内容。此外，本书所讨论的问题具有很强的实际背景与应用价值，例如沙尘暴、雾霾等给人类造成了很大程度的危害，开展此项研究可以为更准确地预报天气和改善空气质量等方面提供理论上的指导。

2.4　研究的技术路线和方法

2.4.1　具体方法和技术路线

对于非线性大气尘埃扩散系统解的存在性和渐近性问题,拟构造一个压缩算子,然后综合使用算子理论和恰当的不动点原理证明非局部初始条件下系统解的存在性,进而研究其渐近性;对于大气尘埃扩散系统的可控性问题,首先在系统的非线性系数满足连续的条件下,构造恰当的控制函数,使用不动点定理证明系统的完全可控性,其次使用算子理论和恰当的不动点定理研究系统的近似可控性。

笔者首先从大气尘埃特性和性态入手,研究了它的分布和扩散,以及遵循什么规律,其次将此类问题划归为非线性问题,最后应用自己多年思考所推陈出新的解题方法求出大气尘埃扩散的渐近曲线轨迹。

(1) 探究大气尘埃的性态。对于(2+1)维低频尘埃波动,冷尘埃等离子体受到尘埃电荷、其他离子体比例、温度等因素所引起的扰动,通过建立模型假设,利用摄动参数理论和方法,并作变量变换,引入伸长变量构建初始层校正项,由线性常系数偏微分方程和傅里叶变换推出其性态,由奇异摄动方法导出定解问题的一致有效的渐近展开式(由偏微分方程的先验估计等理论可以证明),通过近似函数定量地计算出尘埃等离子体的密度、电荷量、对应的波峰值等,由此来推算出可能出现的超高密度电荷聚集而导致的放电击穿现象等。同时还可定量地算出尘埃的其他相关物理量的,并可采取措施,人为地控制大气尘埃方程的扰动项。例如监管城乡和工矿区的各种形式的尘埃污染物的排放,并在适当的时间和地点发送适量的气象导弹等,以减轻和改变尘埃强度,减少灾害,使大气环境趋于正常和稳定。

(2) 研究大气尘埃的分布情况。用广义变分迭代的方法求尘埃等离子体低频振动近似孤立子波解析解,得出广义尘埃等离子体扩散的渐近轨线,即动态分布。其主要过程就是作行波变换,构造一个泛函,计算变分并根据变分的极值理论构造迭代式,再由行波变换,可得广义扰动大气尘埃方程的第 n 近似行波解。尘埃等离子体扩散系统是较复杂的机制,需要把它归化为基本模式,然后利用泛函分析变分迭代方法求解,这显然是一个有效而简单的途径。因得到的尘埃等离子体扩散系统扰动模型的轨线函数是一个解析表示式,故后续研究仍可对其进行解析运算,从而得到进一步的相关物理量的性态。

(3) 探索大气尘埃的扩散规律。在建立假设的前提下,探究一个具有两参数的高阶反应扩散奇摄动问题。利用奇摄动理论推导具有小参数的反应扩散方程的渐近解析解。具体过程是:首先,构造原问题的外部解,并在边界邻域引入局部坐标,再作多重尺度变量,得到问题解的边界层校正项;其次,作伸长变量,构造初始层校正项,求得具有两个不同“厚度”的局部区域上解的形式渐近展开式,利用上、下解方法论,建立微分不等式理论,证明原问题的解在整个区域上的一致有效的渐近展开式。

(4) 摸索大气尘埃系统的高精度解的求解理论。将大气尘埃环境生活问题数学化,建立数学模型,即建立反应扩散初边值模型。构造其解的渐近展开式。建立问题的外部解,但它可能不满足初始条件,因此有必要构造初始层校正项,最终利用微分不等式等理论推导出一致有效的渐近解。

(5) 研究大气尘埃系统的稳态渐近解求解方法。对于广义边值问题的稳态解的求解,首先建立模型假设,探究解的存在性;其次构造外部解。为了得到原问题解的渐近近似式,还需在区域 Ω 的边界附近构造边界层校正项,由假设和不动点定理,可得广义渐近解,这就是稳态渐近解求解方法。

2.4.2　研究方法上的创新

本书将改变传统的单一研究方法,大胆创新综合应用泛函分析、算子理论、摄动理论、不动点定理、微分不等式及变分迭代等知识展开研究。特别是对于系统渐近性的解决建立了高精度解的求解理论,同时这些问题的研究本身也具有挑战性和创新性。

第 3 章　大气尘埃扩散系统的
理论和方法

　　近年来,大气尘埃扩散的反常对人类造成了很大程度的灾害,这种极端的气候及区域性的空气污染受到了学术界的重视。为了有效地控制尘埃颗粒物的污染、改善环境空气的质量,笔者认为有必要掌握大气尘埃颗粒物的分布。但是大气尘埃颗粒物来源广泛,且各来源对尘埃颗粒物的影响不清楚,这制约了大气污染控制措施和相关规划的制定。因此,笔者还需更深入地对大气尘埃颗粒物进行了解,并在气象和尘埃污染数据监测和统计分析预报的基础上开展更精细化的关于气象现象的研讨,然后采取适当的措施。

3.1　大气尘埃扩散系统的性态理论
——大气尘埃等离子体扩散问题奇异摄动解

3.1.1　尘埃等离子体流体力学系统

　　近来,学术界对于大气尘埃等离子体的低频振动的研究十分活跃。一些学者讨论了尘埃振动波调制的稳定性、尘埃等离子体的非线性波的研究、尘埃颗粒大小及尘埃的荷电量对其等离子体非线性波的作用等问题。

　　大气尘埃等离子体系统是能用简单的 KdV 方程描述的非线性波问题,一些学者已进行了较多的研究,并在横向非线性波下,由 KP(Kadomtsev-Petviashvili)方程来描述。为了对大气尘埃等离子体扩散有更深入的研究,最近一些学者对二维 Einstein 凝聚系统也作了一些探讨。

　　对于非线性问题,学者们改进了很多近似方法。笔者等也采用渐近方法讨论了一类非线性方程大气物理、尘埃、等离子体、孤波等问题。本节是利用奇异摄动理论和方法来讨论一类(2＋1)维大气尘埃等离子体广义非线性扰动 KP 方程的初值问题,并得到了大气尘埃等离子体非线性 Einstein 凝聚系统的渐近解析解,弥补了单纯用模拟方法仅能得到数值解的不足。

　　对于(2＋1)维低频尘埃波动冷尘埃等离子体无量纲的流体力学系统可描述为:

$$\frac{\partial n_d}{\partial t} + \frac{\partial}{\partial x}(n_d v_x) + \frac{\partial}{\partial y}(n_d v_y) = f(t, x, y, n_d)$$

$$\frac{\partial u_x}{\partial t} + u_x \frac{\partial u_x}{\partial x} + u_y \frac{\partial u_x}{\partial y} = Z_d \frac{\partial \varphi}{\partial x} + g_1(t, x, y, u_x)$$

$$\frac{\partial u_y}{\partial t} + u_x \frac{\partial u_y}{\partial x} + u_y \frac{\partial u_y}{\partial y} = Z_d \frac{\partial \varphi}{\partial y} + g_2(t, x, y, u_y)$$

$$\frac{\partial^2 \varphi}{\partial x^2} + \frac{\partial^2 \varphi}{\partial y^2} = Z_d n_d + n_e - n_{il} - n_{ih} + h(t, x, y, \varphi)$$

$$n_e = A_{e_0} \exp(\beta_1 s\varphi), \quad n_{il} = A_{il_0} \exp(-\beta s\varphi), \quad n_{ih} = A_{ih_0} \exp(-\beta s\varphi)$$

其中 u_x, u_y 为尘埃流体在 x 与 y 方向上的速度分量,n_d 为尘埃颗粒密度,φ 为位势函数,$Q_d = eZ_d$ 为尘埃颗粒的荷电量,且满足关系式:

$$A_{e_0} = \frac{n_{il_0}}{(Z_{d_0} n_{d_0})}, \quad A_{ih_0} = \frac{n_{ih_0}}{(Z_{d_0} n_{d_0})}$$

$$\beta_1 = \frac{T_{il}}{T_{es}}, \quad \beta_2 = \frac{T_{ih}}{T_e}, \quad \beta = \frac{\beta_1}{\beta_2}$$

$$s = \frac{Z_{d_0} n_{d_0} T_e T_{ih}}{n_{e_0} T_{ih} T_{il} + n_{il_0} T_e T_{ih} + n_{ih_0} T_e T_{il}}$$

其中 T_e, T_{il}, T_{ih} 分别为电子、低温与高温离子体的温度;f, g_1, g_2 和 h 分别为其他相关物理量对系统作用的扰动项,包括连续性方程的源项、动量方程除静电力作用外的其他作用力、中性种类影响、尘埃电荷变化、其他离子体比例、温度等因素所引起的扰动。不妨设它们在对应的区域内为充分光滑的函数。

3.1.2　尘埃等离子体扰动 KP 方程

在假设电子和离子的流动速度小于它们的热运动速度且具有小影响的情况下,利用摄动参数理论和方法,并作一些变量变换,可归纳出如下尘埃等离子体系统广义扰动 KP 方程的定解问题:

$$\varepsilon \frac{\partial}{\partial x}\left(\frac{\partial v}{\partial t} - v \frac{\partial v}{\partial x}\right) + a_1 \frac{\partial^4 v}{\partial x^4} + a_2 \frac{\partial^2 v}{\partial y^2} = f(\varepsilon, x, y, v) \quad (3\text{-}1\text{-}1)$$

$$v \big|_{x^2 + y^2 \to \infty} = 0 \quad\quad\quad (3\text{-}1\text{-}2)$$

$$v \big|_{t=0} = g(x, y) \quad\quad\quad (3\text{-}1\text{-}3)$$

其中 v 为势函数, $a_i (i = 1, 2)$ 为非负常数, ε 为小的正参数, f 为尘埃等离子体系统来自外界其他因素作用的有关的函数, g 为尘埃等离子体系统势函数的初始状态。

假设:

$[H_1]$: f, g 为关于其变量充分光滑的函数并可在其对应的变量的变化区域上施行傅里叶(Fourier)变换,且有 $\lim\limits_{x^2+y^2\to\infty} g = 0$。

$[H_2]$: 广义扰动 KP 方程的定解问题式(3-1-1)～(3-1-3)的退化方程有一个解 $V_0(x, y)$, 且满足 $V_0 \big|_{x^2+y^2\to\infty} = 0$。

显然,由式(3-1-1)决定的势函数 v,可表示冷尘埃等离子体的其他物理量。

3.1.3　扰动 KP 方程外部解

设尘埃等离子体系统扰动 KP 方程外部解 $V(x, y)$ 为

$$V(x, y) = \sum_{i=0}^{\infty} V_i(x, y) \varepsilon^i \quad\quad (3\text{-}1\text{-}4)$$

将式(3-1-4)代入式(3-1-1)和式(3-1-2),按照 ε 展开非线性项,合并对应 $\varepsilon^i (i = 0, 1, \cdots)$ 项的系数,并令同次幂 ε^i 项的系数为零,有

$$a_1 \frac{\partial^4 V_i}{\partial x^4} + a_2 \frac{\partial^2 V_i}{\partial y^2} = F_{1(i-1)} + F_{2i}, \quad i = 0, 1, \cdots \quad (3\text{-}1\text{-}5)$$

$$V_i\big|_{x^2+y^2\to\infty} = 0, \quad i = 0,1,\cdots \tag{3-1-6}$$

其中

$$F_{1i} = \frac{1}{i!}\left[\left(\frac{\partial^i}{\partial\varepsilon^i}\sum_{i=0}^{\infty}V_i\varepsilon^i\right)\left(\frac{\partial}{\partial y}\sum_{i=0}^{\infty}V_i\varepsilon^i\right)\right]_{\varepsilon=0}$$

$$F_{2i} = \frac{1}{i!}\left[\frac{\partial^i}{\partial\varepsilon^i}f\left(\varepsilon,x,y,\sum_{i=0}^{\infty}V_i\varepsilon^i\right)\right]_{\varepsilon=0}$$

　　式(3-1-5)和式(3-1-6)在 $i=0$ 时的解就是初值问题式(3-1-1)～(3-1-3)的退化解 $V_0(x,y)$。而当 $i=1,2,\cdots$ 时,由线性常系数偏微分方程知,式(3-1-5)和式(3-1-6)能够依次地有解 $V_i(x,y)(i=1,2,\cdots)$。将得到的 $V_i(x,y)(i=0,1,\cdots)$ 代入式(3-1-4),便得到尘埃等离子体系统广义扰动 KP 方程的定解问题式(3-1-1)～(3-1-3)的外部解 $V(x,y)$。但是得到的外部解 $V(x,y)$ 未必满足初始条件式(3-1-3),因此我们尚需构造尘埃等离子体定解问题式(3-1-1)～(3-1-3)的初始层校正项 W。

3.1.4　扰动 KP 方程初始层校正项

　　引入伸长变量 $\tau=\dfrac{t}{\varepsilon}$,这时偏微分方程式(3-1-1)变为

$$\frac{\partial}{\partial x}\left(\frac{\partial v}{\partial\tau} - \varepsilon v\frac{\partial v}{\partial x}\right) + a_1\frac{\partial^4 v}{\partial x^4} + a_2\frac{\partial^2 v}{\partial y^2} = f(\varepsilon,x,y,v) \tag{3-1-7}$$

　　设扰动 KP 方程定解问题式(3-1-1)～(3-1-3)的解为

$$v = V + W \tag{3-1-8}$$

其中 W 为初始层校正项,由式(3-1-7)有

$$\frac{\partial}{\partial x}\frac{\partial W}{\partial\tau} + a_1\frac{\partial^4 W}{\partial x^4} + a_2\frac{\partial^2 W}{\partial y^2}$$

$$= \varepsilon\left((V+W)\frac{\partial(V+W)}{\partial x} - V\frac{\partial V}{\partial x}\right)$$

$$+ f(\varepsilon,x,y,V+W) - f(\varepsilon,x,y,V) \tag{3-1-9}$$

　　设

$$W(\tau,x,y) = \sum_{i=0}^{\infty}W_i(\tau,x,y)\varepsilon^i \tag{3-1-10}$$

　　将式(3-1-10)代入式(3-1-8)和式(3-1-3),按照 ε 展开非线性项,合并

对应 $\varepsilon^i (i = 0, 1, \cdots)$ 项的系数,并令同次幂 $\varepsilon^i (i = 0, 1, \cdots)$ 项的系数为零,有

$$\frac{\partial^2 W_0}{\partial \tau \partial x} + a_1 \frac{\partial^4 W_0}{\partial x^4} + a_2 \frac{\partial^2 W_0}{\partial y^2}$$

$$= f(0, x, y, V_0 + W_0) - f(0, x, y, V_0) \tag{3-1-11}$$

$$W_0 |_{\tau=0} = g(x, y) - V_0(x, y) \tag{3-1-12}$$

$$\frac{\partial^2 W_i}{\partial \tau \partial x} + a_1 \frac{\partial^4 W_i}{\partial x^4} + a_2 \frac{\partial^2 W_i}{\partial y^2} = \overline{F}_{1(i-1)} + \overline{F}_{2i}, \quad i = 1, 2, \cdots \tag{3-1-13}$$

$$W_i |_{\tau=0} = - V_i(x, y), \quad i = 1, 2, \cdots \tag{3-1-14}$$

其中

$$\overline{F}_{1i} = \frac{1}{i!} \left[\frac{\partial^i}{\partial \varepsilon^i} \left(\sum_{j=0}^{\infty} (V_j + W_j) \varepsilon^j \right) \frac{\partial}{\partial x} \left(\sum_{j=0}^{\infty} (V_j + W_j) \varepsilon^j \right) \right.$$

$$\left. - \left(\sum_{j=0}^{\infty} V_j W_j \right) \left(\frac{\partial}{\partial x} \left(\sum_{j=0}^{\infty} V_j W_j \varepsilon^i \right) \right) \right]_{\varepsilon=0}$$

$$\overline{F}_{2i} = \frac{1}{i!} \left[\frac{\partial^i}{\partial \varepsilon^i} \left(f(\varepsilon, x, y, \sum_{j=0}^{\infty} (V_j + W_j) \varepsilon^j) - f(\varepsilon, x, y, \sum_{j=0}^{\infty} V_j \varepsilon^j) \right) \right]_{\varepsilon=0}$$

由线性常系数偏微分方程知,式(3-1-11)和式(3-1-12)、式(3-1-13)和式(3-1-14)能够依次地有解 $W_0(\tau, x, y)$ 和 $W_i(\tau, x, y) (i = 1, 2, \cdots)$。将得到的 $W_i(\tau, x, y) (i = 0, 1, \cdots)$ 代入式(3-1-10),便得到广义扰动 KP 方程的定解问题式(3-1-1)~(3-1-3)的初始层校正项 $W(\tau, x, y)$。

由常系数偏微分方程初值问题解的性态知,$W_i(\tau, x, y)$ 具有如下性态:

$$W_i = O\left(\exp\left(- \delta_i \frac{t}{\varepsilon} \right) \right), \quad i = 0, 1, \cdots; 0 < \varepsilon \ll 1 \tag{3-1-15}$$

其中 δ_i 是正常数。

由式(3-1-4)、式(3-1-10)和式(3-1-8),我们可以得到广义扰动 KP 方程的定解问题式(3-1-1)~(3-1-3)解的形式渐近展开式:

$$v_{asy}(t, x, y) = \sum_{i=0}^{\infty} \left(V_i(x, y) + W_i\left(\frac{t}{\varepsilon}, x, y \right) \right) \varepsilon^i, \quad 0 < \varepsilon \ll 1 \tag{3-1-16}$$

3.1.5　解的一致有效性

现在来证明关系式(3-1-16)为广义扰动 KP 方程的初值问题式(3-1-1)～
(3-1-3)解的一致有效的渐近展开式。

设初值问题式(3-1-1)～(3-1-3)解的余项 R 为

$$R = v - (\bar{V} + \bar{W})$$

其中

$$\bar{V} = \sum_{i=0}^{M} v_i \varepsilon^i, \quad \bar{W} = \sum_{i=0}^{M} w_i \varepsilon^i$$

而 M 为任意的正整数。

由此我们得到 $R(t, x, y)$ 的如下先验估计:

$$\varepsilon \frac{\partial}{\partial x}\left(\frac{\partial R}{\partial t} - R\frac{\partial R}{\partial x}\right) + a_1 \frac{\partial^4 R}{\partial x^4} + a_2 \frac{\partial^2 R}{\partial y^2} - f(\varepsilon, x, y, R)$$

$$= \varepsilon \frac{\partial}{\partial x}\left(\frac{\partial}{\partial t}(v - \bar{V} - \bar{W}) - (v - \bar{V} - \bar{W})\frac{\partial}{\partial x}(v - \bar{V} - \bar{W})\right)$$

$$\quad + a_1 \frac{\partial^4}{\partial x^4}(v - \bar{V} - \bar{W}) + a_2 \frac{\partial^2}{\partial y^2}(v - \bar{V} - \bar{W})$$

$$\quad - f(\varepsilon, x, y, (v - \bar{V} - \bar{W}))$$

$$= -a_1 \frac{\partial^4}{\partial x^4}\left(\sum_{i=0}^{M} V_i \varepsilon^i\right) - a_2 \frac{\partial^2}{\partial y^2}\left(\sum_{i=0}^{M} V_i \varepsilon^i\right) + \sum_{i=0}^{M}(F_{1(i+1)} + F_{2i})$$

$$\quad - \frac{\partial^2 W_0}{\partial \tau \partial x} - a_1 \frac{\partial^4 W_0}{\partial x^4} - a_2 \frac{\partial^2 W_0}{\partial y^2} - \left(a_1 \frac{\partial^4 V_0}{\partial x^4} + a_2 \frac{\partial^2 V_0}{\partial y^2}\right)$$

$$\quad - \frac{\partial^2}{\partial \tau \partial x}\left(\sum_{i=0}^{M} W_i \varepsilon^i\right) - a_1 \frac{\partial^4}{\partial x^4}\left(\sum_{i=0}^{M} W_i \varepsilon^i\right) - a_2 \frac{\partial^2}{\partial y^2}\left(\sum_{i=0}^{M} W_i \varepsilon^i\right)$$

$$\quad - \left(a_1 \frac{\partial^4}{\partial x^4}\left(\sum_{i=0}^{M} V_i \varepsilon^i\right) - a_2 \frac{\partial^2}{\partial y^2}\left(\sum_{i=0}^{M} V_i \varepsilon^i\right)\right) - \bar{F}_{1i} - \bar{F}_{2i}$$

$$\quad + f\left(\varepsilon, x, y, v + \sum_{i=0}^{M} W_i \varepsilon^i + \sum_{i=0}^{M} V_i \varepsilon^i\right)$$

$$\quad - f\left(\varepsilon, x, y, \sum_{i=0}^{M} W_i \varepsilon^i + \sum_{i=0}^{M} V_i \varepsilon^i\right)$$

于是存在不依赖于 ε 的正常数 C_1, 有

$$\left| \varepsilon \frac{\partial}{\partial x}\left(\frac{\partial R}{\partial t} - R \frac{\partial R}{\partial x} \right) + a_1 \frac{\partial^4 R}{\partial x^4} + a_2 \frac{\partial^2 R}{\partial y^2} - f(\varepsilon, x, y, R) \right| \leqslant C_1 \varepsilon^{M+1}$$

同时，也不难证明存在不依赖于 ε 的正常数 C_2, C_3，使得

$$| R |_{x^2+y^2 \to \infty} | \leqslant C_2 \varepsilon^{M+1}$$

$$| R |_{t=0} - g(x, y) | \leqslant C_3 \varepsilon^{M+1}$$

由假设和偏微分方程的先验估计理论，有

$$\| R \| = O(\lambda^{M+1}), \quad 0 < \lambda = \max(\varepsilon, \sigma, \mu) \ll 1$$

因此有如下定理：

定理　在假设 $[H_1], [H_2]$ 下，对于充分小的 ε，存在尘埃等离子体系统广义扰动 KP 方程的初值问题式(3-1-1)～(3-1-3)的解 $v(t, x, y)$，并满足关系式

$$\| v - (\overline{V} + \overline{W}) \| = O(\lambda^{M+1}), \quad 0 < \lambda = \max(\varepsilon, \sigma, \mu) \ll 1$$

由定理知，关系式(3-1-16)为广义扰动 KP 方程的初值问题式(3-1-1)～(3-1-3)的解的一致有效的渐近展开式。

3.1.6　应用

为了简单起见，取二维空间 x, y 方向扩散尘埃等离子体中的低频振动非线性广义 KP 方程初值问题式(3-1-1)～(3-1-3)的有关无量纲参数和函数值为：$a_1 = a_2 = 1, f = \varepsilon \exp(-x^2), g = \exp(-x^2)$，这时低频振动非线性广义 KP 方程式(3-1-1)～(3-1-3)为如下初值问题：

$$\varepsilon \frac{\partial}{\partial x}\left(\frac{\partial v}{\partial t} - v \frac{\partial v}{\partial x} \right) + \frac{\partial^4 v}{\partial x^4} + \frac{\partial^2 v}{\partial y^2} = \varepsilon \exp(-x^2) \quad (3\text{-}1\text{-}17)$$

$$v |_{x^2+y^2 \to \infty} = 0 \quad (3\text{-}1\text{-}18)$$

$$v |_{t=0} = \exp(-x^2) \quad (3\text{-}1\text{-}19)$$

式(3-1-17)～(3-1-19)的退化解 V_0 满足

$$\frac{\partial^4 V_0}{\partial x^4} + \frac{\partial^2 V_0}{\partial y^2} = 0 \quad (3\text{-}1\text{-}20)$$

$$V_0 |_{x^2+y^2 \to \infty} = 0 \quad (3\text{-}1\text{-}21)$$

显然，式(3-1-20)和式(3-1-21)的退化解为

$$V_0(x,y) = 0 \tag{3-1-22}$$

现求外部解式(3-1-4)中的 V_1。由式(3-1-5)、式(3-1-6)、式(3-1-22)可知,当 $i=1$ 时,有

$$\frac{\partial^4 V_1}{\partial x^4} + \frac{\partial^2 V_1}{\partial y^2} = \exp(-x^2) \tag{3-1-23}$$

$$V_1\big|_{x^2+y^2\to\infty} = 0 \tag{3-1-24}$$

不难得到式(3-1-23)和式(3-1-24)的解为

$$V_1(x,y) = \int_x^\infty \int_{x_4}^\infty \int_{x_3}^\infty \int_{x_2}^\infty \left[\exp(-x_1^2)\right] \mathrm{d}x_1 \mathrm{d}x_2 \mathrm{d}x_3 \mathrm{d}x_4 \tag{3-1-25}$$

下面来求非线性广义 KP 方程式(3-1-1)～(3-1-3)的初始层校正项 W。由初值问题式(3-1-11)和式(3-1-12),有

$$\frac{\partial^2 W_0}{\partial \tau \partial x} + \frac{\partial^4 W_0}{\partial x^4} + \frac{\partial^2 W_0}{\partial y^2} = 0 \tag{3-1-26}$$

$$W_0\big|_{\tau=0} = \exp(-x^2) \tag{3-1-27}$$

对于线性常系数偏微分方程式(3-1-26)和式(3-1-27),采用 Fourier 变换方法求解。

记函数 f 的 Fourier 变换为 $F[f]$。现对方程(3-1-26)和方程(3-1-27)的等式两边对 x,y 施行 Fourier 变换,可得

$$i\lambda_1 \frac{\mathrm{d}}{\mathrm{d}\tau} F[W_0] + (\lambda_1^4 - \lambda_2^2) F[W_0] = 0 \tag{3-1-28}$$

$$F[W_0]\big|_{\tau=0} = F[\exp(-x^2)] \tag{3-1-29}$$

其中 λ_1,λ_2 分别为关于 x 和 y 的 Fourier 变换的积分变量。由一阶微分方程初值问题式(3-1-28)和式(3-1-29),得到解

$$F[W_0] = F[\exp(-x^2)]\exp\left(\frac{i(\lambda_1^4 - \lambda_2^2)}{\lambda_1}\tau\right)$$

将上式再施行 Fourier 逆变换,便得到函数

$$W_0(\tau,x,y) = \frac{1}{(2\pi)^2} \int_{-\infty}^\infty \int_{-\infty}^\infty \left[F[\exp(-x^2)]\exp\left(\frac{i(\lambda_1^4 - \lambda_2^2)}{\lambda_1}\tau\right)\right]$$

$$\times \exp i(\lambda_1 x + \lambda_2 y)\mathrm{d}\lambda_1 \mathrm{d}\lambda_2 \tag{3-1-30}$$

由初值问题式(3-1-13)和式(3-1-14)可知,当 $i=1$ 时,有

$$\frac{\partial^2 W_1}{\partial \tau \partial x} + \frac{\partial^4 W_1}{\partial x^4} + \frac{\partial^2 W_1}{\partial y^2} = (V_0 + W_0)\frac{\partial(V_0 + W_0)}{\partial x} \tag{3-1-31}$$

$$W_1\big|_{\tau=0} = -V_1(x,y) \tag{3-1-32}$$

其中 V_0，V_1，W_0 分别由式(3-1-22)、式(3-1-25)、式(3-1-30)表示。

同样采用 Fourier 变换方法求解，对式(3-1-31)和式(3-1-32)的等式两边分别施行 Fourier 变换，可得

$$\frac{\mathrm{d}}{\mathrm{d}\tau}F[W_1] + (\lambda_1^4 - \lambda_2^2)F[W_1] = F\Big[W_0\frac{\partial W_0}{\partial x}\Big] \tag{3-1-33}$$

$$F[W_1]\big|_{\tau=0} = -F[V_1(x,y)] \tag{3-1-34}$$

初值问题式(3-1-33)和式(3-1-34)的解 $F[W_1]$ 为

$$F[W_1] = -F[V_1(x,y)]\int_0^\tau F\Big[W_0\frac{\partial W_0}{\partial x}\Big]\exp(-\lambda_1^4 + \lambda_2^2)\tau_1\mathrm{d}\tau_1 \tag{3-1-35}$$

将上式施行 Fourier 逆变换，便得到函数

$$W_1(\tau,x,y) = \frac{1}{2\pi}\int_{-\infty}^{\infty}\int_{-\infty}^{\infty}F[V_1(x,y)]$$

$$\Big[\int_0^\tau F\Big[W_0\frac{\partial W_0}{\partial x}\Big]\exp(-\lambda_1^4 + \lambda_2^2)\tau_1\mathrm{d}\tau_1\Big]$$

$$\times \exp i(\lambda_1 x + \lambda_2 y)\mathrm{d}\lambda_1\mathrm{d}\lambda_2 \tag{3-1-36}$$

于是由式(3-1-8)、式(3-1-4)、式(3-1-10)、式(3-1-22)、式(3-1-25)、式(3-1-30)、式(3-1-36)，便有尘埃等离子体中的低频振动非线性广义 KP 方程式(3-1-17)~(3-1-19)初值问题解的一致有效的一次渐近展开式：

$$v_{1\mathrm{asy}}(t,x,y) = \varepsilon\int_x^\infty\int_{x_4}^\infty\int_{x_3}^\infty\int_{x_2}^\infty F[\exp(-x_1^2)]\mathrm{d}x_1\mathrm{d}x_2\mathrm{d}x_3\mathrm{d}x_4$$

$$+ \frac{1}{(2\pi)^2}\int_{-\infty}^{\infty}\int_{-\infty}^{\infty}\Big[F[\exp(-x^2)]\exp\Big(\frac{i(\lambda_1^4 - \lambda_2^2)}{\lambda_1}\tau\Big)\Big]$$

$$\times \exp i(\lambda_1 x + \lambda_2 y)\mathrm{d}\lambda_1\mathrm{d}\lambda_2$$

$$+ \frac{\varepsilon}{2\pi}\int_{-\infty}^{\infty}\int_{-\infty}^{\infty}F[V_1(x,y)]$$

$$\times \Big[\int_0^\tau F\Big[W_0\frac{\partial W_0}{\partial x}\Big]\exp(-\lambda_1^4 + \lambda_2^2)\tau_1\mathrm{d}\tau_1\Big]$$

$$\times \exp i(\lambda_1 x + \lambda_2 y)\mathrm{d}\lambda_1\mathrm{d}\lambda_2 + O(\varepsilon^2), \quad 0 < \varepsilon \ll 1$$

　　继续用相同的方法可以得到尘埃等离子体的非线性广义 KP 方程式
(3-1-17)～(3-1-19)初值问题解更高次的一致有效的渐近展开式。

3.1.7　进一步探索解的物理意义

　　由奇异摄动方法得到的尘埃等离子体广义 KP 方程初值问题的渐近解
$v_{asy}(t,x,y)$是近似的解析关系式,因此它还可以通过解析运算,譬如微分、
积分等运算继续对尘埃等离子体进一步研究,定量地得到其他相关的物理
性态。例如,我们可以通过近似解析函数 $v_{asy}(t,x,y)$计算出尘埃等离子体
的流速以及流速关于 x,y 或 t 的变化率的分布情况;再譬如,通过近似函数
$v_{asy}(t,x,y)$定量地计算出尘埃等离子体的密度、电荷量、对应的波峰值等,
由此来推算出可能出现的超高密度电荷聚集而导致放电击穿现象等;同时
还可定量地算出尘埃的其他相关物理量,并可以采取措施,人为地控制非线
性 KP 方程的扰动项,例如监管城乡和工矿区尘埃污染物的排放,并在适当
的时间和地点发送适量的气象导弹等,以减轻和改变尘埃强度,减少灾害,
使大气环境趋于正常和稳定。

3.2　大气尘埃扩散系统的分布理论
——大气尘埃扩散渐近轨线

　　现讨论二维尘埃等离子体低频振动广义非线性 KP 方程

$$\frac{\partial}{\partial x}\left[\frac{\partial u}{\partial t} - au\frac{\partial u}{\partial x} + b\frac{\partial^3 u}{\partial x^3}\right] + c\frac{\partial^3 u}{\partial y^3} = f(u) \qquad (3\text{-}2\text{-}1)$$

这里 a,b,c 是常数;u 为尘埃位移函数;$f(u)$是低频尘埃声波扰动项,此扰
动项为粒子之间的碰撞、电子附着等原因引起的,不妨设它为充分光滑的有
界函数。

　　先研究广义 KP 退化方程:

$$\frac{\partial}{\partial x}\left[\frac{\partial u}{\partial t} - au\frac{\partial u}{\partial x} + b\frac{\partial^3 u}{\partial x^3}\right] + c\frac{\partial^3 u}{\partial y^3} = 0 \qquad (3\text{-}2\text{-}2)$$

作如下行波变换

$$s = m_1 x + m_2 y - t \qquad (3\text{-}2\text{-}3)$$

这里 $m_i (i=1,2,3)$ 为常数，s 为自由变量。

在此变换下，广义非线性 KP 方程式(3-1-1)转化为常微分方程：

$$bm_1^4 \frac{\mathrm{d}^4 u}{\mathrm{d}s^4} + cm_2^3 \frac{\mathrm{d}^3 u}{\mathrm{d}s^3} - m_1 m_3 \frac{\mathrm{d}^2 u}{\mathrm{d}s^2} - am_1^2 u \frac{\mathrm{d}^2 u}{\mathrm{d}s^2} = f(u) \quad (3\text{-}2\text{-}4)$$

现用广义变分迭代的方法求尘埃等离子体低频振动广义 KP 方程式(3-2-4)近似孤立子波解析解。

构造一个泛函 $F[w]$：

$$\begin{aligned}
F[w] = w - \int_0^s \rho(r) \Big[& bm_1^4 \frac{\mathrm{d}^2 w}{\mathrm{d}r^2} + cm_2^3 \frac{\mathrm{d}w}{\mathrm{d}r} \\
& - m_1 m_3 v - am_1^2 \bar{u} \frac{\mathrm{d}^2 \bar{u}}{\mathrm{d}r^2} - f(\bar{u}) \Big] \mathrm{d}r
\end{aligned} \qquad (3\text{-}2\text{-}5)$$

这里 $w = u_{ss}$，$\bar{u}$ 是 u 的限制变量，ρ 是拉格朗日乘子。

计算泛函式(3-2-5)的变分：

$$\begin{aligned}
\delta F = \delta w - \big[& bm_1^4 (\rho \delta w_r - \rho_r w \delta w) \big]\big|_{r=s} - \big[cm_2^3 \rho w \delta w \big]\big|_{r=s} \\
& - \int_0^s \rho(r) \big[bm_1^4 \rho_{rr} + cm_2^3 \rho_r - m_1 m_3 \rho \big] \delta w \, \mathrm{d}r
\end{aligned}$$

根据变分的极值理论，令 $\delta F = 0$，得到

$$\rho(r) = - \frac{2bm_1^4}{(bm_1^4 - cm_2^3) \sqrt{c^2 m_2^6 + 4bm_1^5 m_3}} \big[\mathrm{exp}d_1(r-s) + \mathrm{exp}d_2(r-s) \big]$$

$$(3\text{-}2\text{-}6)$$

因此由式(3-2-5)和式(3-2-6)，构造如下迭代式：

$$\begin{aligned}
u_{n+1}(s) = u_n(s) - & \frac{2bm_1^4}{(bm_1^4 - cm_2^3) \sqrt{c^2 m_2^6 + 4bm_1^5 m_3}} \\
& \times \int_0^s \big[\mathrm{exp}d_1(r-s) + \mathrm{exp}d_2(r-s) \big] \Big[bm_1^4 \frac{\mathrm{d}^4 u_n}{\mathrm{d}r^4} + cm_2^3 \frac{\mathrm{d}^3 u_n}{\mathrm{d}r^3} \\
& - m_1 m_3 \frac{\mathrm{d}^2 u_n}{\mathrm{d}r^2} - am_1^2 u_n \frac{\mathrm{d}^2 u_n}{\mathrm{d}r^2} - f(u_n) \Big] \mathrm{d}r, \quad n = 1, 2, \cdots
\end{aligned}$$

$$(3\text{-}2\text{-}7)$$

这里 $d_1 = \dfrac{-cm_2^3 + \sqrt{c^2 m_2^6 + 4bm_1^5 m_3}}{2bm_1^4}$，$d_2 = \dfrac{-cm_2^3 - \sqrt{c^2 m_2^6 + 4bm_1^5 m_3}}{2bm_1^4}$，而

$u_0(s)$ 是初始近似函数。由变分迭代式 (3-2-7) 可知, 当选取初始近似 u_0 以后, 就可依次得到 $u_n(s)(n=0,1,2,\cdots)$。

再由变换式 (3-2-3), 可得广义扰动 KP 方程式 (3-2-1) 的第 n 近似行波解 $u_n(m_1x+m_2y-t)(n=0,1,2,\cdots)$。

$$u_{n+1}(m_1x+m_2y-t)$$

$$= u_n(m_1x+m_2y-t) - \frac{2bm_1^4}{(bm_1^4-cm_2^3)\sqrt{c^2m_2^6+4bm_1^5m_3}}$$

$$\times \int_0^{m_1x+m_2y-t}\left[\exp d_1(r-s)+\exp d_2(r-s)\right]\left[bm_1^4\frac{\mathrm{d}^4u_n}{\mathrm{d}r^4}+cm_2^3\frac{\mathrm{d}^3u_n}{\mathrm{d}r^3}\right.$$

$$\left.-m_1m_3\frac{\mathrm{d}^2u_n}{\mathrm{d}r^2}-am_1^2u_n\frac{\mathrm{d}^2u_n}{\mathrm{d}r^2}-f(u_n)\right]\mathrm{d}r,\quad n=1,2,\cdots \quad (3\text{-}2\text{-}8)$$

由式 (3-2-8) 确定的 u_n 就是广义尘埃等离子体扩散的渐近轨线。

尘埃等离子体扩散系统是较复杂的机制, 需要把它化归为基本模式, 然后利用泛函分析变分迭代方法求解, 这显然是一个有效而简单的途径。

因得到的尘埃等离子体扩散系统扰动模型的轨线函数是一个解析表示式, 故后续研究仍可对其进行解析运算, 从而得到进一步的相关物理量的性态。

3.3　大气尘埃扩散系统的扩散理论
——一类双参数非线性高阶反应扩散方程的摄动解法

3.3.1　外部解

非线性奇摄动问题是学术界很关注的热门问题, 在许多领域, 例如大气物理、量子物理、海洋科学、激波理论等学科中都有广泛的应用背景。近几年许多学者做了大量的工作, 例如 de Jager 等系统地介绍了非线性微分方程的近代奇摄动理论和方法, 并列举了有关数学和力学等方面的典型例子; Barbu 等改进和充实了一些奇摄动理论, 并列举了理论物理和其他学科方面的具体实例; Chang 等重点论述了反应扩散问题的微分不等式理论; Pao

讨论了非线性抛物型、椭圆型偏微分方程的比较定理等理论；Martinez 等研究了一类自然条件下的拟线性反应扩散问题；Kellogg 等考虑了一类多层区域下的半线性反应扩散方程的奇摄动问题；Tian 等研究了一类拟线性抛物型系统解的存在性及其渐近性态；Skrynnikov 利用匹配摄动方法求解了一类奇摄动初值问题；Samusenko 研究了抛物型方程退化奇摄动的渐近积分；汪维刚等讨论了一类时滞长波问题的孤波解和带有两参数的高阶半线性椭圆型奇摄动边值问题以及高阶非线性非局部奇摄动问题；许永红等讨论了一类相对论转动动力学奇摄动模型孤波解；石兰芳等利用辅助函数方法研究了一类 KdV 方程和一类奇摄动 Robin 问题的内部冲击波解；莫嘉琪等分别利用微分不等式理论、上下解理论、不动点定理、先验估计、同伦映射、变分迭代等方法，并引用伸长变量、匹配方法、合成展开法、多重尺度变量等技巧，讨论了一系列微分方程初-边值奇摄动问题、理论物理问题、大气物理问题、反应扩散问题、激光问题、孤立子问题、双参数问题等。本节对一类两参数非线性高阶反应扩散奇摄动问题解的结构及其扩散性作了研究。考虑如下两参数奇摄动问题：

$$\mu u_t - \varepsilon^{2m} L^m u = f(t, x, u), \quad t > 0, x \in \Omega \tag{3-3-1}$$

$$\frac{\partial^i u}{\partial n^i} = g_i(t, x), \quad i = 0, 1, \cdots, m-1; x \in \partial\Omega \tag{3-3-2}$$

$$u = h(x), t = 0 \tag{3-3-3}$$

其中，L 为二阶椭圆型算子：

$$L \equiv \sum_{i,j=1}^{n} a_{ij}(x) \frac{\partial^2}{\partial x_i \partial x_j} + \sum_{i=1}^{n} b_i(x) \frac{\partial}{\partial x_i}$$

$$\sum_{i,j=1}^{n} a_{ij}(x) \xi_i \xi_j \geqslant \lambda \sum_{i=1}^{n} \xi_i^2, \quad \forall \xi_i \in \mathbf{R}, \lambda > 0$$

ε, μ 为正的小参数，$m > 1$ 为整数，$x = (x_1, x_2, \cdots, x_n) \in \Omega$，$\Omega$ 为 $\mathbf{R}^n$ 中的有界区域，$\partial\Omega$ 为 Ω 的光滑边界，$\frac{\partial}{\partial n}$ 为在 $\partial\Omega$ 上的外法向导数。式(3-3-1)～(3-3-3)是一个具有两参数的高阶反应扩散奇摄动问题。假设：

[H_1]：L 的系数，f, g_i 和 h 在相应的定义区域内为充分光滑的函数，且 $g_0(0, x) = h(x), x \in \partial\Omega$；

[H_2]：当 $\varepsilon \to 0$ 时，$\mu/\varepsilon \to 0$；

$[H_3]$:存在正常数 N,l 使得 $-N \leqslant f_u(t,x,u) \leqslant -l$。

式(3-3-1)~(3-3-3)的退化情形为

$$f(t,x,u) = 0 \tag{3-3-4}$$

由假设,上述问题存在一个充分光滑的退化解 $\bar{U}(t,x)$。设问题式(3-3-1)~(3-3-3)的外部解为

$$U = \sum_{j,k=0}^{\infty} U_{jk}(t,x)\varepsilon^j\mu^k \tag{3-3-5}$$

将式(3-3-5)代入式(3-3-1),按 ε,μ 展开 f,合并 ε,μ 的同次幂的系数并分别等于0。关于 $\varepsilon^0\mu^0$,得到

$$f(t,x,U_{00}) = 0 \tag{3-3-6}$$

比较式(3-3-4)与式(3-3-6),式(3-3-6)的解就是退化解,即

$$U_{00}(t,x) = \bar{U}(t,x) \tag{3-3-7}$$

将式(3-3-5)代入式(3-3-1),按 ε,μ 展开 f,合并 ε,μ 的同次幂的系数并令其分别等于零。关于 $\varepsilon^j\eta^k(j+k \neq 0)$,得到

$$U_{jk} = \frac{1}{f_u}[U_{j(k-1)} - L^m U_{(j-2m)k} + F_{jk}], \quad j,k = 0,1,2,\cdots;j+k \neq 0 \tag{3-3-8}$$

上式和以下的式子中,带有负下标的项为零。而

$$F_{jk} = \frac{1}{j!k!}\left[\frac{\partial^{j+k}}{\partial\varepsilon^k\partial\mu^k}f\left(t,x,\sum_{r,s=0}^{\infty} U_{rs}(t,x)\varepsilon^r\mu^s\right)\right]_{\varepsilon=0}, \quad j,k = 0,1,2,\cdots$$

将式(3-3-7)和式(3-3-8)决定的 $U_{jk}(i,j=0,1,2,\cdots)$ 代入式(3-3-5),我们便得到了原问题式(3-3-1)~(3-3-3)的外部解 $U(t,x)$,但它未必满足边界条件式(3-3-2)和初始条件式(3-3-3)。为此,我们尚需构造问题解的边界层校正项 V 和初始层校正项 W。

3.3.2 解的边界层校正项

在 $\partial\Omega$ 邻近建立局部坐标系 (ρ,φ),定义在 $\partial\Omega$ 邻域中点 Q 的坐标:坐标 $\rho(\leqslant\rho_0)$ 是从 Q 到边界 $\partial\Omega$ 的距离,其中 ρ_0 足够小,使得在 $\partial\Omega$ 的 ρ_0-邻域 Ω_{ρ_0} 每一点的内法线互不相交。而 $\varphi = (\varphi_1,\varphi_2,\cdots,\varphi_{n-1})$ 为 $(n-1)$ 维流形 $\partial\Omega$ 上的非奇坐标系,点 Q 的坐标 φ 为点 P 的坐标 φ,其中点 P 为通过点 Q

的内法线到边界 $\partial\Omega$ 的交点。在 $\partial\Omega:0\leqslant\rho\leqslant\rho_0$ 附近的 ρ_0-邻域 Ω_{ρ_0} 中，我们有

$$L = \bar{a}_{nn}\frac{\partial^2}{\partial\rho^2} + \sum_{i=1}^{n-1}\bar{a}_{ni}\frac{\partial^2}{\partial\rho\partial\varphi_i} + \sum_{i,j=1}^{n-1}\bar{a}_{ij}\frac{\partial^2}{\partial\varphi_i\partial\varphi_j} + \bar{b}_n\frac{\partial}{\partial\rho} + \sum_{i=1}^{n-1}\bar{b}_i\frac{\partial}{\partial\varphi_i}$$

$$(3\text{-}3\text{-}9)$$

其中 $\bar{a}_{nn}>0,\bar{a}_{ni},\bar{a}_{ij},\bar{b}_n,\bar{b}_i$ 的结构从略。今在 $0\leqslant\rho\leqslant\rho_0$ 上引入多尺度变量：

$$\eta = \frac{\mu}{\varepsilon},\sigma = \frac{h(\rho,\varphi)}{\varepsilon},\bar{\rho} = \rho,\varphi = \varphi \qquad (3\text{-}3\text{-}10)$$

其中 $h(\rho,\varphi)$ 为一个待定函数。为了书写方便起见，以下我们仍用 ρ 来代替 $\bar{\rho}$，由式(3-3-9)有

$$L = \frac{1}{\varepsilon^2}K_0 + \frac{1}{\varepsilon}K_1 + K_2 \equiv \bar{L} \qquad (3\text{-}3\text{-}11)$$

其中 $K_0 = \bar{a}_{nn}h_\rho^2\dfrac{\partial^2}{\partial\sigma^2}$，而 K_1,K_2 的结构从略。由式(3-3-9)～(3-3-11)，令

$$h(\rho,\varphi) = \int_0^\rho \frac{1}{\sqrt{\bar{a}_{nn}(\rho_1,\varphi)}}\mathrm{d}\rho_1$$

设式(3-3-1)和式(3-3-2)的解 u 为

$$u = U(t,x,\varepsilon,\mu) + V(\sigma,\rho,\varphi,\varepsilon,\eta) \qquad (3\text{-}3\text{-}12)$$

将式(3-3-12)代入式(3-3-1)和式(3-3-2)，有

$$\varepsilon^{2m}\bar{L}^m(U+V) = \varepsilon\eta(U+V)_t - f(t,\rho,\varphi,U+V) \qquad (3\text{-}3\text{-}13)$$

$$\frac{\partial^i V}{\partial\rho^i} = -g_i(t,x) + \frac{\partial^i U}{\partial\rho^i}, \quad i=0,1,2,\cdots m-1; x=(\rho,\varphi)\in\partial\Omega$$

$$(3\text{-}3\text{-}14)$$

令

$$V = \sum_{j,k=0}^{\infty} v_{jk}(i,\sigma,\rho,\varphi)\varepsilon^j\eta^k \qquad (3\text{-}3\text{-}15)$$

将式(3-3-5)和式(3-3-15)代入式(3-3-13)和式(3-3-14)，按 ε,μ 展开非线性项，并令同次幂的系数相等，我们得到

$$\frac{\partial^{2m}v_{00}}{\partial\sigma^{2m}} = f(t,\sigma,\rho,\varphi,U_{00}+v_{00}) \qquad (3\text{-}3\text{-}16)$$

$$\frac{\partial^i v_{00}}{\partial \rho^i} = -g_i(t,\rho,\varphi) + U_{00}(t,\rho,\varphi), \quad i = 0,1,\cdots,m-1; \rho = 0$$

$$(3\text{-}3\text{-}17)$$

$$\frac{\partial^{2m} v_{jk}}{\partial \sigma^{2m}} = f_u(t,\sigma,\rho,\varphi,U_{00}+v_{00}) v_{jk} + H_{jk}, \quad j,k = 0,1,2,\cdots; j+k \neq 0$$

$$(3\text{-}3\text{-}18)$$

$$v_{jk} = U_{jk}(x,t), \quad j,k = 0,1,2,\cdots; j+k \neq 0; \rho = 0 \quad (3\text{-}3\text{-}19)$$

其中 H_{jk} 为逐次已知的函数。由假设 $[H_1] \sim [H_3]$，不难看出，式(3-3-16)和式(3-3-17)、式(3-3-18)和式(3-3-19)存在解 $v_{jk}(j,k=0,1,\cdots)$，且在边界 $\partial\Omega$ 附近满足估计式

$$v_{jk} = O(\exp(-k_{jk}\sigma)) = O\left(\exp\left(-k_{jk}\frac{\rho}{\varepsilon}\right)\right), \quad 0 < \varepsilon \ll 1 \quad (3\text{-}3\text{-}20)$$

其中 $k_{jk}(j,k=0,1,2,\cdots)$ 为正常数。设

$$\bar{v}_{jk} = \psi(\rho) v_{jk} \quad (3\text{-}3\text{-}21)$$

其中 $\psi(\rho)$ 为一个充分光滑的函数且

$$\psi(\rho) = \begin{cases} 1, 0 \leqslant \rho \leqslant \dfrac{1}{3}\rho_0 \\ 0, \dfrac{2}{3} \leqslant \rho \leqslant \rho_0 \end{cases}$$

不失一般性，下面仍将 $\bar{v}_{jk}$ 用 v_{jk} 表示，我们便构造了边界层校正项 V 的形式渐近展开式(3-3-15)。

3.3.3　解的初始层校正项

作变量变换：$\tau = t/\mu$，将它代入方程式(3-3-1)：

$$u_\tau - \varepsilon^{2m} Lu = f(\mu\tau, x, u) \quad (3\text{-}3\text{-}22)$$

令

$$u = U + V + W \quad (3\text{-}3\text{-}23)$$

其中

$$W = \sum_{j,k=0}^{\infty} w_{jk}(\tau,x) \varepsilon^j \mu^k \quad (3\text{-}3\text{-}24)$$

将式(3-3-5)、式(3-3-15)、式(3-3-23)、式(3-3-24)代入式(3-3-22)、式(3-3-3),按 ε,μ 展开非线性项,并令同次幂的系数相等,我们得到

$$\frac{\partial w_{00}}{\partial \tau} = f(0,x,w_{00}) \tag{3-3-25}$$

$$w_{00}(0,x) = h(x) - U_{00}(0,x) - V_{00}(0,x) \tag{3-3-26}$$

$$\frac{\partial w_{jk}}{\partial \tau} = f_u(0,x,w_{00})w_{jk} + G_{jk}, \quad j,k = 0,1,2,\cdots;j+k \neq 0 \tag{3-3-27}$$

$$w_{jk}(0,x) = -U_{jk}(0,x) - V_{jk}(0,x), \quad j,k = 0,1,2,\cdots;j+k \neq 0 \tag{3-3-28}$$

其中 G_{jk} 为已知函数,其结构从略。由假设 $[H_3]$,从式(3-3-25)、式(3-3-26)和式(3-3-27)、式(3-3-28)可以依次地得到 $w_{jk}(j,k=0,1,2,\cdots)$。将它们代入式(3-3-24),便可得到原问题式(3-3-1)~(3-3-3)的初始层校正项 W,并且满足性质:

$$w_{jk} = O(\exp(-\bar{k}_{jk}\tau))$$
$$= O\left(\exp\left(-\bar{k}_{jk}\frac{t}{\mu}\right)\right), \quad j,k = 0,1,2,\cdots;0 < \mu \ll 1 \tag{3-3-29}$$

其中 $\bar{k}_{jk}(j,k=0,1,2,\cdots)$ 为正常数。

于是我们便有原问题式(3-3-1)~(3-3-3)解的形式渐近展开式:

$$u = \sum_{j,k=0}^{\infty} \left[(U_{jk} + w_{jk})\varepsilon^j\mu^k + v_{jk}\varepsilon^j\eta^k\right], \quad 0 < \varepsilon,\mu,\eta \ll 1 \tag{3-3-30}$$

3.3.4　微分不等式

定义　设 $\bar{u},\underline{u}$ 为在 $[0,T] \times (\Omega + \partial\Omega) \times [0,\varepsilon_0]$ 上的光滑函数,使得 $\underline{u} \leqslant \bar{u}$,并有

$$\mu\underline{u}_t - \varepsilon^{2m}L^m\underline{u} - f(t,x,\underline{u}) \leqslant 0 \leqslant \mu\bar{u}_t - \varepsilon^{2m}L^m\bar{u} - f(t,x,\bar{u}), \quad x \in \Omega$$

$$\frac{\partial^i \underline{u}}{\partial n^i} - g_i(t,x) \leqslant 0 \leqslant \frac{\partial^i \bar{u}}{\partial n^i} - g_i(t,x), \quad x \in \partial\Omega$$

$$\underline{u}(0,x) \leqslant h(x) \leqslant \bar{u}(0,x), \quad t = 0$$

成立,则分别称 $\bar{u}$ 和 $\underline{u}$ 为问题式(3-3-1)~(3-3-3)的上解和下解。

定理 1　在假设 $[H_1]$~$[H_3]$ 下,对于 $\forall\varepsilon \in (0,\varepsilon_0]$,若问题式(3-3-1)~

(3-3-3)有一个上解 $\bar{u}$ 和下解 $\underline{u}$,则反应扩散问题式(3-3-1)~(3-3-3)存在一个解 u,且有

$$\underline{u} \leqslant u \leqslant \bar{u}, \quad (t,x) \in [0,T] \times (\Omega + \partial\Omega)$$

成立。

证明 取 $\bar{u}^0 = \bar{u}, \underline{u}^0 = \underline{u}$ 为两个不同的初始迭代,我们能由如下线性问题依次构造两个序列 $\{\bar{u}^k\}, \{\underline{u}^k\}$:

$$\mu(\bar{u}^k)_t - \varepsilon^{2m}L^m\bar{u}^k + N\bar{u}^k = N\bar{u}^{k-1} + f(t,x,\bar{u}^{k-1}), \quad x \in \Omega$$

$$\frac{\partial^i \bar{u}^k}{\partial n^i} = g_i(t,x), \quad x \in \partial\Omega$$

$$\bar{u}^k(0,x) = h(x), \quad t = 0, x \in \Omega$$

$$\mu(\underline{u}^k)_t - \varepsilon^{2m}L^m\underline{u}^k + N\underline{u}^k = N\underline{u}^{k-1} + f(t,x,\underline{u}^{k-1}), \quad x \in \Omega$$

$$\frac{\partial^i \underline{u}^k}{\partial n^i} = g_i(t,x), \quad x \in \partial\Omega$$

$$\underline{u}^k(0,x) = h(x), \quad t = 0, x \in \Omega$$

设 $w = \bar{u}^0 - \bar{u}^1$,我们有

$$\mu w_t - \varepsilon^{2m}L^m w + Nw = \mu(\bar{u})_t - \varepsilon^{2m}L^m\bar{u} + f(t,x,\bar{u}) \geqslant 0, \quad x \in \Omega$$

$$\frac{\partial^i w}{\partial n^i} = 0, \quad x \in \partial\Omega$$

$$w(0,x) = 0, \quad t = 0, x \in \Omega$$

于是 $w \geqslant 0$,即

$$\bar{u}^1 \leqslant \bar{u}^0, t \in [0,T], x \in \Omega + \partial\Omega$$

同理有

$$\underline{u}^1 \geqslant \underline{u}^0, t \in [0,T], x \in \Omega + \partial\Omega$$

现证 $\bar{u}^1 \geqslant \underline{u}^1$。设 $\bar{w} = \bar{u}^1 - \underline{u}^1$,由假设 $[H_3]$,有

$$\mu(\bar{w}_i)_t - \varepsilon^{2m}L^m\bar{w} + N\bar{w} = N(\bar{u}^0 - \underline{u}^0)$$
$$+ [f(t,x,\bar{u}^0) - f(t,x,\underline{u}^0)]$$
$$\geqslant 0$$

$$\bar{w} = 0, \quad x \in \partial\Omega$$

$$\bar{w}(0,x) = 0, \quad t = 0, x \in \Omega$$

于是 $\bar{w} \geqslant 0$,即

$$\underline{u}^1 \leqslant \bar{u}^1, t \in [0, T], x \in \Omega + \partial\Omega$$

同理有

$$\underline{u}_0 = \underline{u}^0 \leqslant \underline{u}^1 \leqslant \cdots \leqslant \underline{u}^k \leqslant \cdots \leqslant \bar{u}^k \leqslant \cdots \leqslant \bar{u}^1 \leqslant \bar{u}^0$$
$$= \bar{u}_0, \quad t \in [0, T], x \in \Omega + \partial\Omega$$

我们能证明

$$\lim_{k \to \infty} \underline{u}^k = \lim_{k \to \infty} \bar{u}^k = u, \quad 0 \leqslant t \leqslant T, x \in \Omega + \partial\Omega$$

且 u 为问题式(3-3-1)~(3-3-3)的一个解,定理 1 证毕。

3.3.5 渐近解的一致有效性

我们有如下定理:

定理 2 在假设$[H_1]$~$[H_3]$下,具有两参数的奇摄动反应扩散问题式 (3-3-1)~(3-3-3)存在一个解 u,并在 $t \in [0, T]$,$x \in \overline{\Omega}$ 上有形如式 (3-3-30)的一致有效的渐近展开式。

证明 首先引入两个辅助函数 α 和 β:

$$\alpha = Z - r\zeta, \quad \beta = Z + r\zeta \tag{3-3-31}$$

其中 r 为足够大的正常数,它将在下面选取:$\zeta = \max(\varepsilon^m, \eta^m)$,

$$Z = \sum_{j,k=0}^{m} [(U_{jk} + w_{jk})\varepsilon^j\mu^k + v_{jk}\varepsilon^j\eta^k]$$

显然,我们有

$$\alpha \leqslant \beta, t \in [0, T], x \in \overline{\Omega} \tag{3-3-32}$$

$$\frac{\partial^i\alpha}{\partial n^i}\Big|_{x\in\partial\Omega} \leqslant g_i(t,x) \leqslant \frac{\partial^i\beta}{\partial n^i}\Big|_{x\in\partial\Omega}, \quad i = 0,1,\cdots,m-1 \tag{3-3-33}$$

$$\alpha\big|_{t=0} \leqslant h(x) \leqslant \beta\big|_{t=0} \tag{3-3-34}$$

现在来证明:

$$\mu\alpha_t - \varepsilon^{2m}L\alpha - f(t,x,\alpha) \leqslant 0, \quad t \in [0,T], x \in \Omega \tag{3-3-35}$$

$$\mu\beta_t - \varepsilon^{2m}L\beta - f(t,x,\beta) \geqslant 0, \quad t \in [0,T], x \in \Omega \tag{3-3-36}$$

我们分三种情形来证明上述不等式:(i) $0 \leqslant \rho \leqslant (1/3)\rho_0$,(ii) $(1/3)\rho_0 < \rho < (2/3)\rho_0$,(iii) $(2/3)\rho_0 \leqslant \rho \leqslant \rho_0$。下面仅证明(i)的情形,而情形(ii),(iii)可用类似的方法证明。

由假设$[H_3]$及式(3-3-20)、式(3-3-21)、式(3-3-29),对于$\varepsilon,\mu,\mu/\varepsilon$足够得小,存在正常数$M$,使得

$$\mu\alpha_t - \varepsilon^{2m}L\alpha - f(t,x,\alpha)$$

$$= \mu Z_t - \varepsilon^{2m}LZ - f(t,x,Z) + [f(t,x,Z) - f(t,x,Z-r\zeta)]$$

$$\leqslant - f(x,t,U_{00}) - \sum_{\substack{j,k=0\\j+k\neq 0}}^{m}\left[U_{jk} - \frac{1}{f_u}(U_{j(k-1)} - L^m U_{(j-2m)k} + F_{jk})\right]\varepsilon^j\mu^k$$

$$+ \left[\frac{\partial^{2m}v_{00}}{\partial\sigma^{2m}} - f(t,\sigma,\rho,\varphi,U_{00}+v_{00})\right]$$

$$+ \sum_{\substack{j,k=0\\j+k\neq 0}}^{m}\left[\frac{\partial^{2m}v_{jk}}{\partial\sigma^{2m}} - f_u(t,\sigma,\rho,\varphi,U_{00}+v_{00})v_{jk} - H_{jk}\right]\varepsilon^j\eta^k$$

$$+ \left[\frac{\partial w_{00}}{\partial\tau} - f(0,x,w_{00})\right]$$

$$- \sum_{\substack{j,k=0\\j+k\neq 0}}^{m}\left[\frac{\partial w_{jk}}{\partial\tau} - f_u(0,x,w_{00})w_{jk} - G_{jk}\right]\varepsilon^j\mu^k - rl\zeta + M\zeta$$

$$= -(rl-M)\zeta$$

选取$r\geqslant M/l$,便有不等式(3-3-35)成立。同理可证不等式(3-3-36)也成立。由式(3-3-32)~(3-3-36),利用定理1的微分不等式理论,问题式(3-3-1)~(3-3-3)存在一个解u,且有$\alpha\leqslant u\leqslant\beta,t\in[0,T],x\in\overline{\Omega}$成立。于是由式(3-3-31),我们便有

$$u = \sum_{j,k=0}^{m}\left[(U_{jk}+w_{jk})\varepsilon^j\mu^k + v_{jk}\varepsilon^j\eta^k\right] + O(\zeta)$$

其中$t\in[0,T];x\in\overline{\Omega};0<\varepsilon,\mu,\eta=\mu/\varepsilon\ll 1;\zeta=\max(\varepsilon^m,\eta^m)$。定理证毕。

3.3.6　结论

随着科学研究的进步,提出了许多更复杂、更深入的非线性方程数学模型。然而众所周知,一般的非线性问题的解是不能用有限个初等函数来描述其精确解的,利用数值模拟方法得到的模拟近似解是间断的,不具备解析性。在本节中利用奇摄动理论对具有两个小参数的反应扩散方程来得到渐

近解析解。首先,构造原问题的外部解,并在边界邻域引入局部坐标,再在该邻域中作多重尺度变量,得到问题解的边界层校正项;其次,作伸长变量,构造了初始层校正项,因而求得具有两个不同"厚度"的局部区域上的解的形式渐近展开式;最后,利用上下解方法论,建立了微分不等式理论,证明了原问题的解在整个区域上的一致有效的渐近展开式。用上述方法得到的各次近似解析解,因其具有解析性,故还可以进行微分、积分等解析运算,并对其相关问题进行更深入的物理性态的讨论,所以用这种方法求得的问题的解,具有广阔的前景。

3.4　大气尘埃扩散系统的求解理论

——具有边界摄动的反应扩散时滞方程奇摄动问题

3.4.1　外部解

本节利用一种特殊而简单的方法,研究一类具有时滞边界摄动的奇异摄动非线性反应扩散问题。

现在我们考虑下列具有边界摄动的非线性奇异摄动时滞问题:

$$\varepsilon \frac{\partial u}{\partial t} - Lu + cu(t-\tau) = f(r,\varphi,u,\varepsilon) \tag{3-4-1}$$

$$u = g(\varphi,\varepsilon), \quad \partial \Omega_\varepsilon : r = r_0(1 - b(\varepsilon)) \tag{3-4-2}$$

$$u = 0, \quad \tau \leqslant t \leqslant 0 \tag{3-4-3}$$

这里,ε 和 τ 是正的小参数;τ 是时滞量;c,k,r_0 是正常量;L 是椭圆算子;$(r,\varphi) \in \Omega_\varepsilon, \Omega_\varepsilon = \{(r,\varphi) \mid 0 \leqslant r \leqslant r_0(1 + b(\varepsilon))\}$ 是 $\mathbf{R}^2$ 上的有界凸区域;$\partial \Omega_\varepsilon$ 表示 Ω_ε 的平滑边界;$\Omega_i \supset \Omega_{i+1} \supset \Omega_\varepsilon (i = 0,1,2\cdots); r_i = r_0 \left(1 - \sum_{j=0}^{i} \frac{1}{j!} \frac{d^j b}{d \varepsilon^j} \big|_{\varepsilon=0}\right) (i = 1,2,\cdots); f,g$ 和 $b(b(0)=0)$ 对于其变量在相应范围内的充分光滑函数;$fu(r,\varphi,u,\varepsilon) \leqslant -c_1$,其中 c_1 为一个正常数。问题式(3-4-1)~(3-4-3)是反应扩散初边值问题。

现在我们构造问题式(3-4-1)~(3-4-3)解的形式渐近展开式。首先,

我们在 τ 的小范围内发展 $u(t-\tau,r,\varphi)$ 使

$$u(t-\tau,r,\varphi) = u(t,r,\varphi) + \sum_{k=1}^{\infty} \frac{(-1)^k}{k!} \frac{\partial^k u}{\partial t^k}\Big|_{\tau=0} \tau^k \quad (3\text{-}4\text{-}4)$$

简化的问题是

$$Lu - cu = -f(r,\varphi,u,0), \quad (r,\varphi) \in \Omega_0 \quad (3\text{-}4\text{-}5)$$

$$u = g(\varphi,0), \quad (r,\varphi) \in \partial\Omega_0 \quad (3\text{-}4\text{-}6)$$

设 U_{00} 是此简化问题式(3-4-5)、式(3-4-6)的连续解,原问题式(3-4-1)～(3-4-3)的外部解的形式展开式为

$$U \sim \sum_{i,j=0}^{\infty} U_{ij}\varepsilon^i\tau^j \quad (3\text{-}4\text{-}7)$$

将式(3-4-7)代入式(3-4-1)和式(3-4-4)中,用 ε,τ 展开 f,结合相同幂 $\varepsilon^i\tau^j$ 的系数,我们得到

$$LU_{ij} - cU_{ij} = -f_u(r,\varphi,U_{00},0)U_{ij} - c\sum_{k=1}^{\infty}\left(\frac{(-1)^k}{k!}\frac{\partial^k U_{(i-1)(j-k)}}{\partial t^k}\Big|_{\tau=0}\right)$$
$$-F_{ij}, \quad (r,\varphi) \in \Omega_i \quad (3\text{-}4\text{-}8)$$

这里

$$F_{ij} = \frac{1}{i!j!}\frac{\partial^{i+j}f}{\partial\varepsilon^i\partial\tau^j}\Big|_{\varepsilon=\tau=0}, \quad i,j = 0,1,2,\cdots; i+j \neq 0$$

将式(3-4-7)代入式(3-4-2),我们有

$$U_{ij} = G_{ij}, \quad \partial\Omega_i = (r,\varphi)\,|\,r = r_i \quad (3\text{-}4\text{-}9)$$

这里 $G_{ij}(i,j=0,1,2,\cdots;i+j\neq0)$ 是确定函数。

从线性问题式(3-4-8)和式(3-4-9),我们可以依次求解 U_{ij},并由式(3-4-7)得到原问题的外部解 U。但它可能不满足初始条件式(3-4-3),因此我们需要构造初始层校正项 V。

3.4.2 构造初始层校正项

我们引入一个拉伸变量

$$\sigma = \frac{t}{\varepsilon}$$

设问题式(3-4-1)～(3-4-3)的解为

$$u = U(r,\varphi,\varepsilon) + V(\sigma,r,\varphi,\varepsilon) \qquad (3\text{-}4\text{-}10)$$

这里

$$V \sim \sum_{i,j=0}^{\infty} v_{ij}(\sigma,r,\varphi)\varepsilon^i\tau^j \qquad (3\text{-}4\text{-}11)$$

将式(3-4-10)、式(3-4-11)代入式(3-4-1)~(3-4-3),可得

$$\frac{\partial V}{\partial \sigma} - LV + cV = f(r,\varphi,U+V,\varepsilon) - f(r,\varphi,U,\varepsilon) \qquad (3\text{-}4\text{-}12)$$

$$V = 0, \quad (r,\varphi) \in \partial\Omega_\varepsilon \qquad (3\text{-}4\text{-}13)$$

$$V(0,r,\varphi,\varepsilon) = -U(r,\varphi,\varepsilon) \qquad (3\text{-}4\text{-}14)$$

将式(3-4-7)、式(3-4-10)和式(3-4-11)代入式(3-4-12)~(3-4-14),并且结合相同幂 $\varepsilon^i\tau^j$ 的系数,我们有

$$\frac{\partial v_{00}}{\partial \sigma} - Lv_{00} + cv_{00} = f(r,\varphi,U_{00}+v_{00},0)$$

$$- f(r,\varphi,U_{00},0), \quad (r,\varphi) \in \Omega_0 \qquad (3\text{-}4\text{-}15)$$

$$v_{00} = 0, (r,\varphi) \in \partial\Omega_0 \qquad (3\text{-}4\text{-}16)$$

$$v_{00}(0,r,\varphi) = -U_{00}(r,\varphi) \qquad (3\text{-}4\text{-}17)$$

从 $i,j=1,2,\cdots; i+j\neq0$,有

$$\frac{\partial v_{ij}}{\partial \sigma} - Lv_{ij} + cv_{ij} = f_u(r,\varphi,U_{00}+v_{00},0)v_{ij}$$

$$+ \bar{F}_{ij}, \quad (r,\varphi) \in \Omega_i \qquad (3\text{-}4\text{-}18)$$

$$v_{ij} = 0, \quad (r,\varphi) \in \partial\Omega_i \qquad (3\text{-}4\text{-}19)$$

$$v_{ij}(0,r,\varphi) = -U_{ij}(r,\varphi) \qquad (3\text{-}4\text{-}20)$$

这里

$$\bar{F}_{ij} = \frac{1}{i!\,j!}\left[\frac{\partial^{i+j}\bar{F}}{\partial\varepsilon^i\partial\tau^j}\right]_{\varepsilon=\tau=0}, \quad i,j = 0,1,2,\cdots; i+j \neq 0$$

显然,$\bar{F}_{ij}(i,j=0,1,2,\cdots;i+j\neq0)$ 是确定的函数。

从问题式(3-4-15)~(3-4-17)和问题式(3-4-18)~(3-4-20),我们可得 v_{00} 和 $v_{ij}(i,j=0,1,2,\cdots)$,因此,我可以构造原问题式(3-4-1)~(3-4-3)的解 u 的形式渐近展开:

$$u \sim \sum_{i,j=0}^{\infty}\left[U_{ij}+v_{ij}\right]\varepsilon^i\tau^j, \quad 0 < \varepsilon,\tau \ll 1 \qquad (3\text{-}4\text{-}21)$$

3.4.3　结论

现在我们证明展开式(3-4-21)在 Ω_ε 内是一致有效的。

定理　在原问题式(3-4-1)～(3-4-3)的假设下,存在一个奇异摄动问题式(3-4-1)～(3-4-3)的解 u。解可以展开为一致有效渐近展开式(3-4-21),$(t,r,\varphi) \in [0,T] \times (\Omega_\varepsilon + \partial\Omega_\varepsilon)$。

证明　我们首先构造辅助函数 α 和 β

$$\alpha = Y_m - \bar{r}\lambda, \quad \beta = Y_m + \bar{r}\lambda \qquad (3\text{-}4\text{-}22)$$

这里 $\lambda = \max(\varepsilon^{m+1}\tau^m, \varepsilon^m\tau^{m+1})$ 和 $\bar{r}$ 是以下被选择的足够大的正常数,而且

$$Y_m \equiv \sum_{i,j=0}^{m} [U_{ij} + v_{ij}]\varepsilon^i\tau^j$$

显然

$$\alpha \leqslant \beta, \quad (t,r,\varphi) \in [0,T] \times (\Omega_\varepsilon + \partial\Omega_\varepsilon) \qquad (3\text{-}4\text{-}23)$$

此外,它还得出一个正常数 M_1,使

$$\alpha(0,r,\varphi,\varepsilon) = Y_m\big|_{t=0} - \bar{r}\lambda$$

$$= \sum_{i,j=0}^{m} U_{ij}\big|_{t=0}\varepsilon^i\tau^j + \sum_{i,j=0}^{m} v_{ij}\big|_{\sigma=0}\varepsilon^i\tau^j - \bar{r}\lambda$$

$$\leqslant \sum_{i,j=0}^{m} [U_{ij}\varepsilon^i\tau^j - U_{00}(r,\varphi)] - \sum_{\substack{i,j=0 \\ i+j\neq0}}^{m} U_{ij}(r,\varphi)\varepsilon^i\tau^j - \bar{r}\lambda$$

$$\leqslant (M_1 - \bar{r})\lambda$$

选定 $\bar{r} \geqslant M_1$,我们有

$$\alpha(0,r,\varphi,\varepsilon) \leqslant 0, \quad (r,\varphi) \in \Omega_\varepsilon \qquad (3\text{-}4\text{-}24)$$

根据假设有一个正常数 M_2,使得

$$\beta(0,r,\varphi,\varepsilon) = Y_m\big|_{t=0} - \bar{r}\lambda = \sum_{i,j=0}^{m} U_{ij}\big|_{t=0}\varepsilon^i\tau^j + \sum_{i,j=0}^{m} v_{ij}\big|_{\sigma=0}\varepsilon^i\tau^j + \bar{r}\lambda$$

$$\geqslant \sum_{i,j=0}^{m} [U_{ij}\varepsilon^i\tau^j - U_{00}(r,\varphi)] - \sum_{\substack{i,j=0 \\ i+j\neq0}}^{m} U_{ij}(r,\varphi)\varepsilon^i\tau^j + \bar{r}\lambda$$

$$\geqslant (\bar{r} - M_2)\lambda$$

选定 $\bar{r} \geqslant M_2$,我们有

$$\beta(0, r, \varphi, \varepsilon) \geqslant 0 \qquad (3\text{-}4\text{-}25)$$

现在我们可以证明

$$\varepsilon \alpha_t - L\alpha + c\alpha(t - \tau) - f(r, \varphi, \alpha, \varepsilon) \leqslant 0, \quad (t, r, \varphi) \in (0, T) \times \Omega_\varepsilon$$
$$(3\text{-}4\text{-}26)$$

根据这些假设,可以得出,对于足够小的正常数 ε, τ,存在正常数 M_3,使得

$$\varepsilon \alpha_t - L\alpha + c\alpha(t - \tau) - f(r, \varphi, \alpha, \varepsilon)$$
$$= \varepsilon (Y_m - \bar{r}\lambda^m)_t - L[Y_m - \bar{r}\lambda] + c[Y_m - \bar{r}\lambda]$$
$$\quad - f(r, \varphi, Y_m - \bar{r}\lambda, \varepsilon)$$
$$= \varepsilon \frac{\partial Y_m}{\partial t} - LY_m + c[Y_m - \bar{r}\lambda] - f(r, \varphi, Y_m, \varepsilon)$$
$$\quad + [f(r, \varphi, Y_m, \varepsilon) - f(r, \varphi, Y_m - \bar{r}\lambda, \varepsilon)]$$
$$\leqslant - [LU_{00} - cU_{00} + f(r, \varphi, U_{00}, 0)]$$
$$\quad + \sum_{\substack{i, j = 0 \\ i + j \neq 0}}^{m} \Big[LU_{ij} - cU_{ij} + f_u(r, \varphi, U_0, 0)U_{ij}$$
$$\quad + c \sum_{k=1}^{\infty} \Big(\frac{(-1)^k}{k!} \frac{\partial^k U_{(i-1)(j-k)}}{\partial t^k} \Big|_{\tau=0} \Big) + F_{ij} \Big] \varepsilon^i \tau^j$$
$$\quad + \Big[\frac{\partial v_{00}}{\partial \sigma} - Lv_{00} + cv_{00} - f(r, \varphi, U_{00} + V_{00}, 0) + f(r, \varphi, U_{00}, 0) \Big]$$
$$\quad + \sum_{\substack{i, j = 0 \\ i + j \neq 0}}^{m} \Big[\frac{\partial v_{ij}}{\partial \sigma} - Lv_{ij} + cv_{ij} - f_u(r, \varphi, U_{00} + V_{00}, 0)v_{ij} + \bar{F}_{ij} \Big] \varepsilon^i \tau^j$$
$$\quad + M_3 \lambda - c\bar{r}\lambda$$
$$\leqslant (M_3 - c\bar{r})\lambda$$

选择 $\bar{r} \geqslant \dfrac{M_3}{c}$,我们已经证明了不等式(3-4-26)。

同样,我们可以证明:

$$\beta \geqslant g(\varphi, \varepsilon), x \in \partial \Omega_\varepsilon \qquad (3\text{-}4\text{-}27)$$
$$\beta(0, r, \varphi, \varepsilon) \geqslant 0 \qquad (3\text{-}4\text{-}28)$$
$$\varepsilon \beta_t - L\beta + c\beta(t - \tau) - f(r, \varphi, \beta, \varepsilon) \geqslant 0, \quad (t, r, \varphi) \in (0, T) \times \Omega_\varepsilon$$
$$(3\text{-}4\text{-}29)$$

因此从式(3-4-23)～(3-4-29)出发,利用关于微分不等式的定理,存在问题式(3-4-1)～(3-4-3)的一个解 u,且满足

$$\alpha(t,r,\varphi,\varepsilon) \leqslant u(t,r,\varphi,\varepsilon) \leqslant \beta(t,r,\varphi,\varepsilon)$$

$$(t,r,\varphi) \in [0,T] \times (\Omega_\varepsilon + \partial\Omega_\varepsilon)$$

由式(3-4-22),我们得到

$$u = \sum_{i,j=0}^{m} [U_{ij} + v_{ij}]\varepsilon^i \tau^j + O(\lambda), \quad 0 < \varepsilon, \tau \ll 1$$

证毕。

3.5　大气尘埃扩散系统的稳态渐近解求解方法

——两参数奇摄动非线性椭圆型方程 Robin 边值问题的广义解

3.5.1　非线性椭圆型 Robin 问题

本节涉及的是一类具有两参数的奇摄动非线性椭圆型 Robin 问题的广义解。

今讨论如下非线性椭圆型方程 Robin 问题:

$$\varepsilon^2 L_1[y] + \mu L_2[y] = F(x,y,\varepsilon,\mu)$$

$$x = (x_1, x_2, \cdots, x_n) \in \Omega \subset \mathbf{R}^n \tag{3-5-1}$$

$$By \equiv u + \mu \frac{\partial y}{\partial n} = G(x), \quad x \in \partial\Omega \tag{3-5-2}$$

其中 ε, μ 是正的小参数;Ω 为 $\mathbf{R}^n$ 中的有界凸域,$\partial\Omega$ 为 Ω 的光滑边界,$\partial/\partial n$ 为 $\partial\Omega$ 上的外法向导数;F 和 G 为其变元在对应的区域内充分光滑的函数;a_{ij}, b_i 为在 $C^\infty(\Omega)$ 中的函数;L_1 为在 $\overline{\Omega}$ 上的一致椭圆型。

$$L_1 = \sum_{i,j=1}^{n} a_{ij}(x) \frac{\partial^2}{\partial x_i \partial x_j} + \sum_{i=1}^{n} a_i(x) \frac{\partial}{\partial x_i}$$

$$\sum_{i,j=1}^{n} a_{ij}(x) \xi_i \xi_j \geqslant \lambda \sum_{i=1}^{n} \xi_i^2, \quad \forall \xi_i \in \mathbf{R}, \lambda > 0$$

其中

$$L_2 = \sum_{i=1}^{n} b_i(x) \frac{\partial}{\partial x_i}$$

代替问题式(3-5-1)～(3-5-2),我们考虑如下广义 Robin 边值问题:

$$\varepsilon^2 K_1[\varphi, y] + \mu K_2[\varphi, y] = (\varphi, F(x, y, \varepsilon, \mu)) \qquad (3\text{-}5\text{-}3)$$

其中 $x \in \Omega, \forall \varphi \in C_0^{\infty}(\Omega)$

$$(\varphi, By) = (\varphi, G), \quad x \in \partial\Omega, \forall \varphi \in C_0^{\infty}(\Omega) \qquad (3\text{-}5\text{-}4)$$

其中 $K_1[\varphi, y] = (\varphi, L_1[y]), K_2[\varphi, y] = (\varphi, L_2[y])$

而 $C_0^{\infty}(\Omega)$ 为由 Ω 中具有紧支函数并为 $C^{\infty}(\Omega)$ 的子集,表示式 $K_i[\varphi, y]$ $(i = 1, 2)$ 为双线性形式,该形式是 φ, y 在 Ω 中有界并被定义在 Sobolev 空间 $H^1(\Omega)$ 中,且 (φ, y) 是被定义在 $H^1(\Omega)$ 中的内积。

假设:$[H_1] \lim\limits_{\mu \to 0} \dfrac{\varepsilon}{\mu} = 0$;

$[H_2]$ 存在不依赖于 φ 和 y 的常数 $C_{j_i}(j = 1, 2)$,使得

$|K_1[\varphi, y]| \leqslant C_{11} \|\varphi\|_1 \cdot \|y\|_1, |K_1[\varphi, \varphi]| \geqslant C_{21} \|\varphi\|_1^2, \forall \varphi, y \in H^1$

$[H_3]$ 存在常数 $\delta_i(i = 1, 2)$,使得

$$-\delta_2 \leqslant \frac{\partial f}{\partial u} \leqslant -\delta_1 < 0, \quad \forall x \in \overline{\Omega}, \forall y \in \mathbf{R}$$

$[H_4]$ 系数 a_{ij}, a_i, b_i 在 Ω 中有上界 C_2,且

$$|a_{ij}(x_1) - a_{ij}(x_2)| \leqslant C_2(|x_1 - x_2|), \quad \forall x_1, x_2 \in \Omega$$

其中 $C_2(|x_1 - x_2|) \to 0$,当 $|x_1 - x_2| \to 0$。

3.5.2　广义解

现证如下定理:

定理 1　在假设 $[H_2] \sim [H_4]$ 下,非线性广义 Robin 边值问题式(3-5-3)～(3-5-4)存在解 $y_\varepsilon \in H^1(\Omega)$。

证明　任取一个函数 $y^0 \in H^1(\Omega)$,考虑广义线性边值问题:

$\varepsilon^2 K_1[\varphi, y] + \mu K_2[\varphi, y] = (\varphi, F(x, y^0, \varepsilon, \mu)), \quad x \in \Omega, \forall \varphi \in C_0^{\infty}(\Omega)$

$(\varphi, By) = (\varphi, G), \quad x \in \partial\Omega$

由假设,在 Hilbert 空间 H^1 中,表示式为

$$\bar{F}[y] \equiv \varepsilon^2 K_1[\varphi, y] + \mu K_2[\varphi, y] = (\varphi, F), \quad x \in \Omega, \forall \varphi \in C_0^\infty(\Omega)$$

且满足

$$(\varphi, By) = (\varphi, G), \quad x \in \partial\Omega$$

的每一有界泛函 $\bar{F}[\varphi]$ 可决定 y。

今取

$$\bar{F}[y] = (\varphi, F(x, y^0, \varepsilon, \mu))$$

则存在广义解 $y^1 \in H^1(\Omega)$，且满足

$$\varepsilon^2 K_1[\varphi, y^1] + \mu K_2[\varphi, y^1] = (\varphi, F(x, y^0, \varepsilon, \mu)), \quad \forall \varphi \in C_0^\infty(\Omega)$$

$$(\varphi, By^1) = (\varphi, G), \quad x \in \partial\Omega$$

利用迭代法，设

$$(\varphi, By^1) = (\varphi, G), x \in \partial\Omega$$

并考虑

$$\varepsilon^2 K_1[\varphi, (\varphi, By^j)] + \mu K_2[\varphi, y^j] = (\varphi, F(x, (\varphi, y^{j-1}, \varepsilon, \mu))$$

其中

$$x \in \Omega, \forall \varphi \in C_0^\infty(\Omega)$$

$$(\varphi, By^j) = (\varphi, G), \quad x \in \partial\Omega$$

则我们有解 $y^j \in H^1(\Omega)$。于是得到一个函数列：$\{y^j \mid y^j \in H^1(\Omega), j = 0, 1, \cdots\}$。不难知道，存在 Robin 问题式(3-5-3)～(3-5-4)的广义解 $y \in H^1(\Omega)$ 满足

$$\lim_{j \to \infty}(\varphi, y^j) = (\varphi, y), \quad \forall \varphi \in C_0^\infty(\Omega)$$

定理 1 证毕。

考虑问题式(3-5-3)～(3-5-4)的退化方程：

$$(\varphi, F(x, y, 0, 0)) = 0, \quad x \in \Omega, \forall \varphi \in C_0^\infty(\Omega) \tag{3-5-5}$$

由假设，式(3-5-5)存在唯一解 $y = z_{00}(x)$。

3.5.3　外部解

现构造问题式(3-5-3)～(3-5-4)的外部渐近解。设

$$y = \sum_{i=0}^{\infty} z_{ij} \varepsilon^i \mu^j \tag{3-5-6}$$

将式(3-5-6)代入式(3-5-3),并把各项按 ε,μ 的幂进行展开,考虑到 z_{00} 为方程式(3-5-5)的解,取 $\varepsilon^i\mu^j(i,j=1,2)$ 的系数的代数和为零,可得:

$$(\varphi,F_y(t,x,z_0,0,0)z_{ij}) = K_1[\varphi,z_{(i-2)j}] + K_2[\varphi,z_{i(j-1)}] + (\varphi,g_{ij}) \tag{3-5-7}$$

其中

$$i,j = 0,1,\cdots; i+j \neq 0; x \in \Omega; \forall\varphi \in C_0^\infty(\Omega)$$

且 g_{ij} 为依次已知的函数。由式(3-5-7),可得光滑解 z_{ij}。

3.5.4 边界层校正

为了得到原问题解的渐近近似式,还需在区域 Ω 的边界附近构造边界层校正项,为此,先在 Ω 的边界 $\partial\Omega$ 附近引入局部坐标系 (ρ,ψ),在这样的局部坐标系下,在 $\partial\Omega$ 的邻域 $0\leqslant\rho\leqslant\rho_0(\rho_0$ 为足够小的常数)内,二阶椭圆型算子 L 的表示式为

$$L_1 = \bar{a}_{11}\frac{\partial^2}{\partial\rho^2} + \bar{L}_1, \quad L_2 = \bar{b}_1\frac{\partial}{\partial\rho} + \bar{L}_2$$

其中 $\bar{L}_1$ 为不含 $\frac{\partial^2}{\partial\rho^2}$ 项的二阶线性算子,$\bar{L}_2$ 为不含 $\frac{\partial}{\partial\rho}$ 项的一阶线性算子。

在区域 $0\leqslant\rho\leqslant\rho_0$ 内,作伸长变量的变换:

$$\tau_1 = \frac{\rho}{\mu} \tag{3-5-8}$$

同时设 $0<\sigma=\frac{\varepsilon}{\mu}\ll1$,这时有

$$\left(\varphi,\bar{b}_1\frac{\partial y}{\partial\tau_1}\right) = (\varphi,F(x,y,\mu\sigma,\mu)) - \sigma^2(\varphi,L_1y) - \mu(\varphi,\bar{L}_2y) \tag{3-5-9}$$

其中 $0\leqslant\rho\leqslant\rho_0$,$\forall\varphi\in C_0^\infty(\Omega)$

$$(\varphi,\bar{B}y) = (\varphi,G), \quad (\rho=0)\bigcap\partial\Omega_-,\forall\varphi\in C_0^\infty(\Omega) \tag{3-5-10}$$

其中 $\bar{B}y = y - \frac{\partial y}{\partial\tau_1}$,$\partial\Omega_-$ 为对应于 $L_2y=0$ 的 $(n-1)$ 维特征流形穿出 Ω 的边界 $\partial\Omega$ 的部分。

设边值问题式(3-5-3)和式(3-5-4)的第一边界层项 v 为

$$v = \sum_{i,j=0}^{\infty} v_{ij}(\tau_1)\sigma^i\mu^j \qquad (3\text{-}5\text{-}11)$$

且设边值问题的解为

$$y \sim \sum_{i,j=0}^{\infty} z_{ij}(x)\varepsilon^i\mu^j + \sum_{i,j=0}^{\infty} v_{ij}(\tau_1)\sigma^i\mu^j \qquad (3\text{-}5\text{-}12)$$

将式(3-5-8)、式(3-5-12)代入式(3-5-9)、式(3-5-10),并把各项按 σ,μ 的幂进行展开,并令 $\sigma^i\mu^j(i,j=0,1,\cdots)$ 的系数的代数和为零。可得:

$$\left(\varphi, \bar{b}_1\frac{\partial v_{00}}{\partial \tau_1}\right) = (\varphi, F(x, z_{00}+v_{00}, 0, 0)), \quad \forall \varphi \in C_0^\infty(\Omega) \qquad (3\text{-}5\text{-}13)$$

$$(\varphi, \bar{B}v_{00}) = (\varphi, G) - (\varphi, \bar{B}z_{00}), \quad (\tau_1=0)\bigcap\partial\Omega_-, \forall \varphi \in C_0^\infty(\Omega) \qquad (3\text{-}5\text{-}14)$$

$$\left(\varphi, \bar{b}_1\frac{\partial v_{ij}}{\partial \tau_1}\right) = (\varphi, F_y(x, z_{00}+v_{00}, 0, 0)v_{ij}) - (\varphi, L_1 v_{(i-2)j})$$
$$- (\varphi, \bar{L}_2 v_{i(j-1)}) + (\varphi, h_{ij}) \qquad (3\text{-}5\text{-}15)$$

其中 $i,j=0,1,\cdots; i+j\neq0; \forall \varphi \in C_0^\infty(\Omega)$

$$(\varphi, \bar{B}v_{ij}) = 0, \quad (\tau_1=0)\bigcap\partial\Omega_-, \forall \varphi \in C_0^\infty(\Omega) \qquad (3\text{-}5\text{-}16)$$

上面和下面出现的负下标的项均设为零,而 $h_{ij}(i,j=0,1,\cdots; i+j\neq0)$ 为逐次已知的函数。

由式(3-5-13)、式(3-5-14)和式(3-5-15)、式(3-5-16),可以依次得到解 $v_{ij}(i,j=0,1,\cdots)$,将得到的 v_{ij} 代入式(3-5-11),我们便得到具有第一边界层校正项的渐近解 v。但是,由式(3-5-12)得到的解 y 未必在 $\partial\Omega_+$($\partial\Omega_+$ 为对应于 $L_2 y=0$ 的 $(n-1)$ 维特征流形进入 Ω 的边界 $\partial\Omega$ 的部分)上满足边界条件式(3-5-4)。为此尚需构造第二边界层校正项 w,设

$$w = \sum_{i,j=0}^{\infty} w_{ij}(\tau_2)\sigma^i\mu^j \qquad (3\text{-}5\text{-}17)$$

其中 τ_2 为伸长变量:

$$\tau_2 = \frac{\rho}{\sigma^2\mu} \qquad (3\text{-}5\text{-}18)$$

再设广义 Robin 边值问题式(3-5-3)和式(3-5-4)的解为

$$y = \sum_{i,j=0}^{\infty} z_{ij}(x)\varepsilon^i\mu^j + \sum_{i,j=0}^{\infty} v_{ij}(\tau_1)\sigma^i\mu^j + \sum_{i,j=0}^{\infty} w_{ij}(\tau_2)\sigma^i\mu^j \qquad (3\text{-}5\text{-}19)$$

将式(3-5-8)、式(3-5-12)和式(3-5-19)代入式(3-5-9)和式(3-5-10),

并把各项按幂进行展开,并令 $\sigma^i \mu^j (i,j = 0,1,\cdots)$ 的系数的代数和为零。可得

$$(\varphi, L_1 w_{00}) + \left(\varphi, \bar{b}_1 \frac{\partial w_{00}}{\partial \tau_2}\right) = 0, \quad \forall \varphi \in C_0^{\infty}(\Omega) \qquad (3\text{-}5\text{-}20)$$

$$(\varphi, \bar{B} w_{00}) = 0, (\tau_2 = 0) \bigcap \partial \Omega_-, \quad \forall \varphi \in C_0^{\infty}(\Omega) \qquad (3\text{-}5\text{-}21)$$

$$(\varphi, \bar{B} w_{00}) = (\varphi, G) - (\varphi, \bar{B} z_{00}) - (\varphi, \bar{B} w_{00}) \qquad (3\text{-}5\text{-}22)$$

其中 $(\tau_2 = 0) \bigcap \partial \Omega +$, $\forall \varphi \in C_0^{\infty}(\Omega)$

$$(\varphi, L_1 w_{ij}) + \left(\varphi, \bar{b}_1 \frac{\partial w_{ij}}{\partial \tau_2}\right) = (\varphi, F_y(x, z_{00} + v_{00} + w_{00}, 0, 0) w_{(i-2)j})$$
$$- (\varphi, \bar{L}_2 w_{(i-1)j}) + (\varphi, \bar{h}_{ij}), \quad \forall \varphi \in C_0^{\infty}(\Omega)$$
$$(3\text{-}5\text{-}23)$$

$$(\varphi, \bar{B} w_{ij}) = - (\varphi, \bar{B} z_{ij}) - (\varphi, \bar{B} v_{ij}), \quad (\tau_2 = 0) \bigcap \partial \Omega, \forall \varphi \in C_0^{\infty}(\Omega)$$
$$(3\text{-}5\text{-}24)$$

其中 $\bar{h}_{ij}(i,j = 0,1,\cdots; i + j \neq 0)$ 为已知函数。

由式(3-5-20)、式(3-5-22)和式(3-5-23)、式(3-5-24),可以依次得到解 $w_{ij}(i,j = 0,1,\cdots)$。将得到的 $\bar{v}_{ij}$ 代入式(3-5-17),得到第二边界层校正项。

由假设 $[H_1]$ 知,$\lim\limits_{\mu \to 0} \dfrac{\sigma^2 \mu}{\mu} = \lim\limits_{\mu \to 0} \sigma^2 = 0$,故上述得到的第二边界层校正项 w 的边界层厚度 $\sigma^2 \mu$ 比第一边界层校正项 v 的边界层厚度 μ 更薄。

再令

$$\bar{v}_{ij} = \psi(\rho) v_{ij}, \bar{w}_{ij} = \psi(\rho) w_{ij}, \quad i,j = 0,1,\cdots$$

其中 $\psi(\rho) \equiv \psi(x) \in C^{\infty}(\Omega)$,并满足

$$\psi(\rho) = \begin{cases} 1, 0 \leqslant \rho \leqslant (1/3)\rho_0 \\ 0, \rho \geqslant (1/3)\rho_0 \end{cases}$$

于是,将所得的结果代入式(3-5-19),便得到非线性椭圆型方程 Robin 边值问题式(3-5-3)和边值问题式(3-5-4)的广义解 y 的形式渐近式:

$$y \equiv Y_{mn} + O(\zeta) = \sum_{i=0}^{m} \sum_{j=0}^{n} \left[z_{ij}(x) \mu^i + \bar{v}_{ij}(\tau_1) + \bar{w}_{ij}(\tau_2) \right] \sigma^i \mu^j + O(\zeta)$$

$$(3\text{-}5\text{-}25)$$

其中 $x \in \Omega$; z_{ij}, $\bar{v}_{ij}$, $\bar{w}_{ij} \in H^1(\Omega)$; $i,j = 0,1,\cdots$; $0 < \sigma = \dfrac{\varepsilon}{\mu}$, ε, $\mu \ll 1$

且 $\zeta = \lim(\sigma^{m+1}\mu^n, \sigma^m \mu^{n+1})$。

3.5.5 结论

由广义 Robin 边值问题式(3-5-3)和边值问题式(3-5-4)可知,对于充分小的 ε, μ,使得

$$\varepsilon^2 K_1[\varphi, Y_{mn}] + \mu K_2[\varphi, Y_{mn}] - (\varphi, F(x, Y_{mn}, \varepsilon, \mu))$$

$$= (\varphi, F(x, y, 0, 0))$$

$$+ \sum_{\substack{i=0 \\ i+j \neq 0}}^{m} \sum_{j=0}^{n} \big[K_1[\varphi, z_{(i-2)j}] + K_2[\varphi, z_{i(j-1)}] + (\varphi, g_{ij})$$

$$- (\varphi, F_y(t, x, z_0, 0, 0) z_{ij}) \big] \varepsilon^i \mu^j$$

$$+ \Big[\Big(\varphi, \bar{b}_1 \frac{\partial v_{00}}{\partial \tau_1} \Big) - (\varphi, F(x, z_{00} + v_{00}, 0, 0)) \Big] + \sum_{\substack{i=0 \\ i+j \neq 0}}^{m} \sum_{j=0}^{n} \Big[\Big(\varphi, \bar{b}_1 \frac{\partial v_{ij}}{\partial \tau_1} \Big)$$

$$- (\varphi, F_y(x, z_{00} + v_{00}, 0, 0) v_{ij}) + (\varphi, L_1 v_{(i-2)j})$$

$$+ (\varphi, \bar{L}_2 v_{i(j-1)}) + (\varphi, h_{ij}) \Big] \sigma^i \mu^j$$

$$+ (\varphi, L_1 w_{00}) + \Big(\varphi, \bar{b}_1 \frac{\partial w_{00}}{\partial \tau_1} \Big) + \sum_{\substack{i=0 \\ i+j \neq 0}}^{m} \sum_{j=0}^{n} \Big[(\varphi, L_1 w_{ij}) + \Big(\varphi, \bar{b}_1 \frac{\partial w_{ij}}{\partial \tau_1} \Big)$$

$$- (\varphi, F_y(x, z_{00} + v_{00} + w_{00}, 0, 0) w_{(i-2)j})$$

$$+ (\varphi, \bar{L}_2 w_{(i-1)j}) - (\varphi, \bar{h}_{ij}) \Big] \sigma^i \mu^j + O(\lambda)$$

$$= O(\lambda), \quad x \in \Omega; \forall \varphi \in C_0^\infty(\Omega); 0 < \sigma = \frac{\varepsilon}{\mu}; \varepsilon, \mu \ll 1$$

$$(\varphi, By_{mn}) = (\varphi, \bar{B}v_{00}) + (\varphi, \bar{B}v_{ij}) \sigma^i \mu^j + (\varphi, \bar{B}w_{00})$$

$$+ \sum_{\substack{i=0 \\ i+j \neq 0}}^{m} \sum_{j=0}^{n} \big[(\varphi, \bar{B}w_{ij}) + (\varphi, \bar{B}z_{ij}) + (\varphi, \bar{B}v_{ij}) \big] \sigma^i \mu^j$$

$$+ O(\lambda) = O(\lambda), \quad (\rho = 0) \bigcap \partial\Omega_-, \forall \varphi \in C_0^\infty(\Omega)$$

$$(\varphi, BY_{mn}) = (\varphi, \bar{B}v_{00}) + (\varphi, \bar{B}w_{00}) - (\varphi, G) + (\varphi, \bar{B}z_{00}) + (\varphi, \bar{B}w_{00})$$

$$+ \sum_{\substack{i=0 \\ i+1\neq 0}}^{m} \sum_{j=0}^{n} \left[(\varphi, \bar{B}w_{ij}) + (\varphi, \bar{B}z_{ij}) + (\varphi, \bar{B}v_{ij}) \right] \sigma^i \mu^j + O(\lambda)$$

$$= O(\lambda) \quad (\rho = 0) \cap \partial \Omega_+, \forall \varphi \in C_0^\infty(\Omega)$$

故由假设和不动点定理,可得

$$\| y - y_{mn} \|_0 = O(\lambda), \quad 0 < \sigma = \frac{\varepsilon}{\mu}, \varepsilon, \mu \ll 1$$

于是我们有如下定理:

定理 2　在假设 $[H_1] \sim [H_4]$ 下,对于充分小的 ε, μ,两参数奇摄动椭圆型方程广义 Robin 边值问题式(3-5-3)~(3-5-4)在 $H^1(\Omega)$ 意义下,有形如式(3-5-25)的广义渐近解 y,并有

$$\left\| y - \sum_{i=0}^{m} \sum_{j=0}^{n} \left[z_{ij}(x)\mu^i + \bar{v}_{ij}(\tau_1) + \bar{w}_{ij}(\tau_2) \right] \sigma^i \mu^j \right\|_0$$

$$= O(\lambda), \quad 0 < \sigma = \frac{\varepsilon}{\mu}, \varepsilon, \mu \ll 1$$

成立。

第4章　研究的结论、意义及其预期成果达成度

4.1　研究的流程

近年来大气气候的极端事件出现的概率增加,譬如沙尘暴和雾霾等情形不断地出现,大气中尘埃的扩散现象对人们的生产和生活带来了巨大的灾害。为改善大气的质量和控制空气中尘埃的污染,人类需要清楚大气中尘埃颗粒物的性态、分布状况、空气中尘埃颗粒物的产生因素以及有效且高效控制环境污染的措施,因此笔者领衔申请了安徽省高校自然科学重点课题《大气尘埃扩散系统的渐近性及精确化研究》(课题编号:KJ2019A1261,课题批准文号:皖教秘科〔2019〕54 号)。历经两年的研究,在全体同仁精诚团结合作下,终于完成了全部研究任务,取得了可喜的成果。研究成员按照贡献从大到小排序如下:汪维刚、汪方圆、汪维莲、胡国兴、胡启明、陈姣姣、李华、祝东进、金钟、张海涛。其中,2 位教授,4 位副教授,2 位讲师,2 位助教;博士学历 1 人,硕士学历 9 人;50 岁以上 2 人,35 岁以下 2 人,35～50 岁6 人。

著作的诞生首先得益于初期召开的课题会商会,及作出的可行性分析。分析的结果如下:(1) 从与本项目相关的已有研究基础和结果看。本项目是笔者在参与国家、省科研课题研究期间工作的延续,笔者近年来在硕士生导师祝东进等教授的指导下主要从事随机发展系统的适定性、可控性及其应用研究,已经基本掌握了处理此类问题的基本技巧和方法,并取得了一定的研究成果。特别地,对于随机微分系统的渐近性问题,笔者前期都进行过不同程度的预研工作,这些已有的研究成果将为本项目的实施奠定坚实的研

究基础。（2）从项目组成员构成看。项目组成员 10 人中有高级职称 6 人，中级职称 2 人，初级职称 2 人，其中博士学历 1 人，硕士学历 9 人。项目组结构合理，整体实力较强。（3）从研究的保障条件看。我校有着较为丰富的文献资料和网络资源，应用数学学科为系重点发展学科。

其次统一作出前瞻性的通盘考虑，制订出预期成果，即给出大气尘埃的性态理论、大气尘埃系统的分布理论、小参数对系统影响的条件式，以及大气尘埃系统的扩散理论；给出大气尘埃系统的求解理论，以及大气尘埃系统的稳态渐近解求解方法。在国内外数学期刊上发表学术论文 9 篇，学术专著 3 部。同时提醒各位成员关注国内外研究的进展情况。对非线性物理问题，利用解析式来表达问题的解。

再次制订出总体思路。在现有文献中关于求解大气尘埃模型解的研究基础上，利用非线性泛函分析理论、摄动原理、算子理论和不动点原理等工具，对所研究的系统的渐近性和可精控性等问题作深入探讨，在理论和方法上实现新突破；确定研究内容；敲定拟解决的关键问题；并指出注意事项，召开分工会议，制定课题纪律与管理条例，敲定年度研究计划。

最后就是选择研究方法并制订研究技术路线。

历经两年的研究，在全体同仁精诚团结合作下，终于完成了全部研究任务，取得了可喜的成果。概括地说，就是给出了大气尘埃系统的性态、分布、扩散及系统渐近解求解方法和稳态渐近解。使用广义泛函迭代方法求解大气尘埃扩散模型的近似解析解，在一定意义上，可以较快地得到近似解析解所要求的精度，还可以找出对应系统的物理量的趋势等性态，并得出其结果与实际情况或规律的符合程度。同时，根据所述的分析、计算和用广义解析的方法获得解的解析表达式，以及使用数学解析表示式可对模型的各物理量性态作更加深入的解析分析，使得对问题的发展趋势有一个更好的预测。

4.2　研究的结论、意义

研究了大气尘埃扩散系统解的存在性、渐近稳定性和高精度解的存在性与有效性,以及它们的求解方法;利用摄动原理和不动点原理研究了小参数对系统的渐近性的影响;研究了上述系统的完全可精确控制性问题。

并得出如下结论:(1)给出大气尘埃扩散系统解存在的充分条件,推广和放松现有文献中有关存在唯一性的条件;(2)给出各种稳定性的充分条件;(3)给出小参数对系统影响的条件式;(4)给出系统渐近性及精确可控的充分条件;(5)从法律层面建立了保护措施,包括制定相应的保护法规,以及遇到破坏环境的案例所采取的律师诉讼方法等。

本书主要以学术论文或著作形式提供研究成果,研究期限内公开发表(或录用)与本研究相关的高水平学术论文 11 篇、专著 2 部,协助培养研究生 3 名。

本书的研究内容不仅具有重要的理论意义和学术价值,而且具有广阔的应用前景。

4.3　预期成果达成度

目前已取得的成果相比于立项申请书中的预期目标,可以说是全面完成了既定任务。首先通过建立模型假设,利用摄动参数理论和方法,由线性常系数偏微分方程和傅里叶变换推出大气尘埃的性态,由奇异摄动方法导出定解问题的一致有效的渐近展开式;其次用广义变分迭代的方法求尘埃等离子体低频振动近似孤立子波解析解,得出广义尘埃等离子体扩散的渐近轨线,即大气尘埃的动态分布;再次在建立假设的前提下,探究一个具有两参数的高阶反应扩散奇摄动问题,利用奇摄动理论推导具有小参数扰动的反应扩散方程的渐近解析解,探索出大气尘埃的扩散规律;然后通过构造初始层校正项,并利用微分不等式等理论推导出一致有效的渐近解,得出大气尘埃系统的高精度解的求解理论；最后，通过建立模型假设，构造其外部解，由假设和不动点定理，得到稳态渐近解求解方法。

此外，还完成了兄弟学校所委托的协助培养硕士和博士研究生任务，并在学术交流会上具有前瞻性地指出了此项研究的延伸与拓展方向。

附录　常见大气科学研究的数学物理方法

A.1　摄　动　法

A.1.1　摄动

摄动,本是个天文学名词,是指一般的小扰动。在量子力学中称为"微扰",在应用数学中一般称为"摄动"。

A.1.2　摄动问题

摄动问题就是含有小参数的微分方程的定解问题,可以根据渐近展开式的形式和 $\varepsilon \to 0$ 的收敛性,分为正则摄动问题(Regular Perturbation Problem)和奇异摄动问题(Singular Perturbation Problem,简称奇摄动)。

A.1.3　摄动法

处理摄动问题的这种渐近展开的方法称为摄动法。应用摄动法所得的结果往往是简单而有效的,因而被广泛应用到天体力学、固体力学、流体力学、量子力学、光学、声学、化学、生物学,以及控制论、最优化和数学的方程等方面的量化分析中。

摄动法依赖于小参数的假设:方程的解 u 可以表示为小参数 ε 的级数形式: $u = \sum_{i=0}^{\infty} u_i \varepsilon^i$,其中 u 表示微分方程的近似解, u_0 为未扰动方程($\varepsilon = 0$)的解。19 世纪末,数学家和力学家 Poincare 用严格的数学方法证明了这些级数虽发散,但却是一种渐近级数,即虽然它的部分和在项数趋于无穷大时不趋于有限值,但它的前 n 项之和在当 $|\varepsilon|$ 充分小时,可任意接近原问题的解,因此能

够精确表达自然现象。

上式只有在摄动参数 ε 很小的时候才有效。

鉴于此,它的局限性显而易见:(1) 实际问题系统所包含的小参数 ε 有一定的数值范围,不可能任意小,因而误差较大,拟合程度不够理想;(2) 大多数非线性方程不存在小参数或难确定小参数,因而此法失效。

A.2　变　分　法

A.2.1　有限元法

有限元法(FEM)是将一个连续的求解域任意分成适当形状的许多微小单元,并在各小单元分片构造插值函数,然后根据极值原理将问题控制方程化为控制所有单元的有限元方程,把总体的极值作为各单元极值之和,即将局部单元总体合成,形成嵌入了指定边界条件的代数方程组,求解该方程组就得到各节点上待求的函数值。此法的基础是极值原理和剖分插值。

常见的有限元计算方法有直接法、变分法、加权余量法以及能量平衡法。

A.2.2　变分概念及性质

A.2.2.1　变分概念

对于任意定值 $x \in [x_0, x_1]$,可取函数 $y(x)$ 与另一个可取函数 $y_0(x)$ 之差 $y(x) - y_0(x)$ 称为函数 $y(x)$ 在 $y_0(x)$ 处的变分,记作 δy,有 $\delta y = y(x) - y_0(x)$。

A.2.2.2　变分性质

性质 1　若函数 $y(x)$ 与 $y_0(x)$ 都可导,则

$$\delta y' = y'(x) - y_0'(x) = [y(x) - y_0(x)]' = (\delta y)'$$

即函数导数的变分等于函数变分的导数。此性质可推广到高阶导数的变分情形,即 $\delta y^{(n)} = (\delta y)^{(n)}$。

性质 2　设函数 $F = F(x, y, y')$ 关于 x, y, y' 连续,且有足够次可微性, $\Delta F = F(x, y + \delta y, y' + \delta y') - F(x, y, y') = F_y \delta y + F_{y'} \delta y' + \cdots$
其中 $F_y \delta y + F_{y'} \delta y'$ 称为函数 F 的变分,记为 δF,有

$$\delta J\big[y(x)\big] = \delta \int_{x_0}^{x_1} F(x, y, y') \mathrm{d}x = \int_{x_0}^{x_1} \delta F(x, y, y') \mathrm{d}x$$

性质 3

(1) $\delta(F_1 + F_2) = \delta F_1 + \delta F_2$

(2) $\delta(F_1 F_2) = F_1 \delta F_2 + F_2 \delta F_1$

(3) $\delta(F^n) = n F^{n-1} \delta F$

(4) $\delta(\dfrac{F_1}{F_2}) = \dfrac{F_2 \delta F_1 - F_1 \delta F_2}{F_2^2}$

(5) $\delta(F^{(n)}) = (\delta F)^{(n)}$

A.2.3　变分法

变分问题的直接方法有:(1) 欧拉有限差分法,即将积分区间分成$(n+1)$等份,得到泛函的多元近似函数,选取此多元变量,使此多元近似函数达到极值,如果以上极值条件得到的方程组难以确定多元变量,也可用所得到的折线表示变分问题的近似解,区间分得愈细所得近似解就愈精确;(2) 里兹法,即选择适当的一元坐标函数,得到泛函的多变量近似函数,也是通过极值条件来得到近似解,同样的,如果以上极值条件得到的方程组难以确定多元变量,也可用所得到的折线表示变分问题的近似解,坐标愈多所得近似解就愈精确;(3) 康特罗维奇法,即选择适当的多元坐标函数,得到泛函的多变量近似函数,其求解过程与里兹法类似。

A.3　合成展开法

钱伟长在研究圆薄板大挠度问题时提出了一种有别于匹配法的新的展开方法——合成展开法。

此法的基本思想就是先用直接展开法求外部解 $U(t, \varepsilon)$,使之满足外部区域边界条件,再将渐近解表示为 $U(t, \varepsilon) + V(\xi, \varepsilon)$ 的形式,其中 $V(\xi, \varepsilon)$ 称为边界层校正项,将 $U(t, \varepsilon)$ 中的变量 t 替换为内层坐标 ξ,使其各阶近似满足相应的内层边界条件,然后逐级求解以确定各校正项 $v_j(\xi, \varepsilon)$($j = 0, 1, 2, \cdots$),从而得到复合展开式 $U(t, \varepsilon) + V(\xi, \varepsilon)$。

A.4　边　界　层　法

边界层理论是德国物理学家 L. 普朗特在 20 世纪初提出的。当流体流经物体表面时,靠近壁面边界很薄的一层的黏性效应很重要。利用黏性边界层很薄的特点,可以把流体力学运动方程(即纳维-斯托克斯方程)中量级较小的各项忽略掉,简化成为边界层方程。边界层理论为黏性流体力学的应用开辟了广阔的道路,在近代力学中起着重要的作用。

当流体在大雷诺数条件下运动时,可把流体的黏性和导热看成集中作用在流体表面的薄层即边界层内。根据边界层的这一特点,简化纳维-斯托克斯方程,并加以求解,即可得到阻力和传热规律。这一理论为黏性不可压缩流体动力学的发展创造了条件。

流体在大雷诺数下做绕流流动时,在离固体壁面较远处,黏性力比惯性力小得多,可以忽略;但在固体壁面附近的薄层中,沿壁面法线方向存在相当大的速度梯度,黏性力的影响则不能忽略,这一薄层叫作边界层。流体的雷诺数越大,边界层越薄。从边界层内的流动过渡到外部流动是渐变的,所以边界层的厚度 δ 通常定义为从物面到约等于 99% 的外部流动速度处的垂直距离,它随着离物体前缘的距离增加而增大。根据雷诺数的大小,边界层内的流动有层流与湍流两种形态。一般上游为层流边界层,下游从某处以后转变为湍流,且边界层急剧增厚。层流和湍流之间有一过渡区。当所绕流的物体被加热(或冷却)或高速气流掠过物体时,在邻近物面的薄层区域有很大的温度梯度,这一薄层称为热边界层。大雷诺数的绕流流动可分为两个区,即很薄的一层——边界层区和边界层以外的无黏性流动区。因此,处理黏性流体的方法是:略去黏性和热传导,把流场计算出来,然后将初次近似求得的物体表面的压力、速度和温度分布作为边界层外边界条件去解物体的边界层问题,算出边界层就可算出物面上的阻力和传热量。如此的迭代程序使问题求解大为简化,这就是经典的普朗特边界层理论的基本方法。$U(x)$ 不可压缩流体在大雷诺数的层流情况下绕过平滑壁面的情况。在此考虑二维定常不可压缩流动。规定沿物体壁面的方向为 x 轴,垂直于壁面的方向为 y 轴。由于边界层厚度 δ 比物面特征尺寸 L 小得多,因此对二维的忽略重力的纳维-斯托克斯方程逐项进行数量级分析,在忽略数量级小的各项后,可近似认为边界层垂直方向的压力不变,从而得到层流边界层方程组。流体质点动力黏度界层脱离物面并在物面附近出现回流的现象,叫作边界层的分离。当边界层外流压力沿流动方向增加得足够快时,与流动方向相反的压差作用力和壁面黏性阻力使边界层内流体的动量减少,从而在物面某处开始产生分离,形成回流区或漩涡,导致很大的能量耗散。绕流过圆柱、圆球等钝头物体后的流动,以及角度大的锥形扩散管内的流动就是这种分离的典型例子。分离区沿物面的压力分布与按无黏性流体计算的结果有很大出入,常由实验决定。边界层分离区域大的绕流物体,由于物面压力发生大的变化,物体前后压力明显不平衡,一般存在着比黏性摩擦阻力大得多的压差阻力(又称形阻)。当层流边界层在到达分离点前已转变为湍流时,由于湍流的强烈混合效应,分离点会后移,这样,虽然增大了摩擦阻力,但压差阻力大为降低,从而减少了能量损失。

A.5　多　尺　度　法

多尺度法是在平均法的基础上发展起来的一种近似解析方法。平均法是利用两种不同的时间尺度,将系统的振动分解为快变和慢变两种过程。将标志运动的主要参数,如振幅和初相角,在快变过程的每个周期内平均化,然后着重讨论其慢变过程。为了提高平均法的计算精度,可以将时间尺度划分得更为精细,由此发展为20世纪60年代的多尺度法。

A.6　分　裂　法

A.6.1　算子分裂法

算子分裂法(Method of Splitting Operators)又称分数步法,是在计算有限差分的时候用到的,是苏联人针对多维问题提出来的。

对于二维问题:算法的基本思想是将一个时间步长分成两个一半时间的步

长,然后在第一个半时间步长里,只看 x 方向的影响,在后半个时间步长里,再看 y 方向的影响。算子分裂法是一类偏微分方程的数值解法,指把复杂的算子分裂为一些单一的易求解的算子,从而把一个复杂计算问题分裂成一些简单的问题,实现求解的简单化和并行化。它既适用于典型的双曲型方程和抛物型方程,也适用于更复杂方程的初边值问题的求解,通过算子分裂简化了格式结构,减少了计算工作量。

A.6.2　流矢量分裂法

流矢量分裂法(Kinetic Flux Vector Splitting,简称 KFVS)是计算 Euler 方程的常用方法,它是由 Steger 和 Warming、Van Leer 等人提出的。他们将 Euler 方程中的流矢量分成正、负两部分,采用迎风、TVD 等格式计算 Euler 方程中的对流项,通常的分裂方法是以方程的特征值或 Rinmann 问题的解为基础。

A.7　上　下　解　法

此法的基本思想就是若边值问题有一个下解 x 和一个上解 y,且 $x'(t) \leqslant y'(t)$,则存在一个解 u 满足 $x'(t) \leqslant u'(t) \leqslant y'(t)$。

A.8　匹　　配　　法

匹配法是处理边界层问题常用的方法之一。它的基本思想是:虽不能用单一尺度的展开式给出一个问题的近似解,但可先用不同尺度的展开式分别给出,这些解分别在所考虑的部分区域内有效,整个区域可用这些区域的并来表示,然后再将它们在内、外展开式所满足区域的公共部分进行匹配,进而得到整个区域上一致有效的近似解。匹配的原则有 Prandt 匹配原则、Van Dyke 匹配原则、中间变量匹配原则等,最终目标都是构造出整个区间上一致有效的复合展开式。

A.9　不 动 点 法

A.9.1　函数的不动点

在函数 $f(x)$ 的取值中,如果有 x_0 使 $f(x_0) = x_0$,就称 x_0 是 $f(x)$ 的一个不动点。

此定义有两个方面的意义,一是代数意义:若方程 $f(x) = x$ 有实根 x_0,则 $y = f(x)$ 有不动点 x_0;二是几何意义:若函数 $y = f(x)$ 的图像与函数 $y = x$ 的图像有交点 (x_0, y_0),则 x_0 是 $y = f(x)$ 的一个不动点。

A.9.2　一系列不动点定理

刚开始,此理论的一个发展方向是只限于欧式空间多面体上的映射。1909年荷兰数学家布劳维发展了此理论,1923 年美国数学家莱布尼兹发现了此理论的新应用,1927 年丹麦数学家尼尔森又再次发展了此理论;此理论的另一个发展方向是不限于欧式空间中多面体上的映射,1922 年,巴拿赫大力发展了此理论的另一个发展方向,并创立了 Banach 不动点定理,该定理应用非常广泛和有效,像代数方程、微分方程、积分方程、隐函数理论等中的许多存在性与唯一性问题均可归结为此定理的推论。

在数学中,布劳威尔不动点定理是拓扑学里一个非常重要的不动点定理,它可应用到有限维空间并构成一般不动点定理的基石。布劳威尔不动点定理得名于荷兰数学家鲁伊兹·布劳威尔(L. E. J. Brouwer)。布劳威尔不动点定理说明:对于一个拓扑空间中满足一定条件的连续函数 f,存在一个点 x_0,使得 $f(x_0) = x_0$。布劳威尔不动点定理最简单的形式是对一个从某个圆盘 D 映射到它自身的函数 f,而更为广义的定理则对于所有的从某个欧几里得空间的凸紧子集映射到它自身的函数都成立。

不动点定理(Fixed-Point Theorem):若 f 是 $n+1$ 维实心球 $\mathbf{B}^{n+1} = \{x \in \mathbf{R}^{n+1}, |x| \leqslant 1\}$ 到自身的连续映射 $(n = 1, 2, 3 \cdots)$,则 f 存在一个不动点 $x \in \mathbf{B}^{n+1}$(即满足 $f(x_0) = x_0$)。此定理是鲁伊兹·布劳威尔在 1911 年证明的。不动点问题实际上就是各种各样的方程(如代数方程、微分方程、积分方程等)的求解

问题，在数学上非常重要，也有很多的实际应用。

这个定理表明：在二维球面上，任意映到自身的一一连续映射，必定至少有一个点是不变的。他把这一定理推广到高维球面，尤其是在 n 维球内映到自身的任意连续映射至少有一个不动点。在定理证明的过程中，他引进了从一个复形到另一个复形的映射类，以及一个映射的映射度等概念。有了这些概念，他就能第一次处理一个流形上的向量场的奇点。

康托尔揭示了不同的 n 与空间 $\mathbf{R}^n$ 的一一对应关系；皮亚诺（Giuseppe Peano）则实现了把单位线段连续映入正方形。由这两个发现得到启示：在拓扑映射中，维数可能是不变的。1910 年，布劳威尔证明了对于任意的 n 这个猜想——维数的拓扑不变性。在证明过程中，布劳威尔创造了连续拓扑映射的单纯逼近概念，也就是一系列线性映射的逼近；他还创造了映射的拓扑度的概念——一个取决于拓扑映射连续变换的同伦类的数。实践证明，这些概念在解决重要的不变性问题时非常有用。例如，布劳威尔就借助它界定了 n 维区域；亚历山大（J. W. Alexander）则用它证明了贝蒂数的不变性。

这些都是不动点定理的一种延伸。

A.10　同伦分析法

同伦分析法（Homotopy Analysis Method，简称 HAM）是近年来提出和发展的一种求解非线性方程级数解的解析近似方法，它通过构造零阶形变方程和高阶形变方程将原非线性问题转化为一系列线性子问题。

该方法通过引入参数 q，构造同伦，使得当 q 从 0 变化到 1 时，同伦方程的解刚好从给定的初始解变化到非线性问题的解。

与其他的近似解析法相比，同伦分析法具有以下特点：不仅适用于弱非线性问题，而且适用于强非线性问题，并且不要求给定的非线性问题含有小参数或大参数；能通过收敛控制参数来调节级数解的收敛速度和收敛区域；具有诸多自由性，能根据问题的特点来选择合适的基函数，从而构造更高阶、更准确的级数解。

A.11 罚 函 数 法

A.11.1 罚函数法

罚函数法的基本思想就是将有约束最优化问题转化为求解无约束最优化问题。其中 M 为足够大的正数,起"惩罚"作用,称之为罚因子;$F(x,M)$ 称为罚函数。

传统的罚函数法一般分为外部罚函数法和内部罚函数法。外部罚函数法是从非可行解出发逐渐移动到可行区域的方法。内部罚函数法也称为障碍罚函数法,这种方法是在可行域内部进行搜索,约束边界起到类似围墙的作用,当当前解远离约束边界时,罚函数值非常小,否则罚函数值接近无穷大的方法。进化计算中通常采用外部罚函数法,主要是因为该方法不需要提供初始可行解。需要提供初始可行解是内部罚函数法的主要缺点,进化算法应用到实际问题中可能存在搜索可行解就很难的问题,因此这个缺点是非常致命的。

外部罚函数的一般形式为 $B(x) = f(x) + \left[\sum r_i G_i + \sum c_j H_j \right]$。其中 $B(x)$ 是优化过程中新的目标函数;G_i 和 H_j 分别是约束条件 $g_i(x)$ 和 $h_j(x)$ 的函数;r_i 和 c_j 是常数,称为罚因子。

G_i 和 H_j 最常见的形式是 $G_i = \max[0, g_i(x)]a$,$H_j = |h_j(x)|b$。其中 a 和 b 一般取 1 或 2。

理想的情况下,罚因子应该尽量小,但是如果罚因子低于最小值时可能会产生非可行解是最优解的情况,称为最小罚因子规则。这是由于罚因子过大或过小都会对进化算法求解问题带来困难。

一方面,如果罚因子很大并且最优解在可行域边界,进化算法将很快被推进到可行域以内,这将不能返回到非可行域的边界。在搜索过程开始的时候,一个较大的罚因子将会阻碍非可行域的搜索。如果在搜索空间中可行域是几个非连通的区域,则进化算法可能会仅移动在其中一个区域搜索,这样将很难搜索到其他区域,除非这些区域非常接近。另一方面,若罚因子太小,这样相对于目标函数罚函数项是可以忽略的,则大量的搜索时间将花费在非可行域。由于很多问题的最优解都在可行域的边界,花费大量时间在非可行域进行搜索对找到最优解是没有多大作用的,这对于进化算法来说是非常致命的。最小罚因子规则概念是很简单的,但是实现起来却非常困难。对于一个确定的进化算法,很多问题的可行域和非可行域的边界是未知的,因此很难确定它的精确位置。非可行个体和搜索空间可行区域之间的关系对于个体的惩罚具有非常重要的作用。但是,怎样利用这种关系指导搜索方向并将它引导到期望区域的原理并不清楚。

很多研究者研究了设计罚函数的启发式方法,其中最著名的是 Richardson 等人提出的一种方法,它的具体内容如下:(1) 采用到可行域距离的罚函数方法比采用约束违反个数的罚函数方法性能优越;(2) 若问题仅有几个约束条件并且可行解非常少,则单独使用约束违反个数的罚函数的方法可能找不到任何解;(3) 罚函数的性能可以通过最大完成成本和期望完成成本两个标准进行评价,完成成本与可行性的距离有关;(4) 罚函数应该接近期望完成成本,但是并不需要在期望完成成本之下。越精确的罚函数越能够找到更好的解,当罚函数低估完成成本时,搜索可能会找不到解。

罚函数法既可以处理不等式约束,也可以处理等式约束,并且一般情况下是将等式约束转化为不等式约束形式。

A.11.2　罚函数法定理

定理　对于某个确定的正数 M,若罚函数 $F(x, M)$ 的最优解 x^* 满足有约束最优化问题的约束条件,则 x^* 是该问题的最优解。

罚函数法在理论上是可行的,在实际计算中的缺点是罚因子 M 的取值难于把握,太小起不到惩罚作用,太大则由于误差的影响会导致错误。这些缺点可根据上述定理加以改进,先取较小的正数 M,求出 $F(x, M)$ 的最优解 x^*,当 x^* 不满足有约束最优化问题的约束条件时,放大 M(例如乘以 10)重复进行,直到 x^* 满足有约束最优化问题的约束条件时为止。

A.12　有限差分法

有限差方法（FDM）的基本思想是用离散的、只含有限个未知量的差分方程去近似代替连续变量的微分方程和定解条件，并把相应的差分方程的解作为积分定解问题的基础解。它是计算机数值模拟最常用的方法，其优点是数字概念直观，表达简单，其解的存在性、收敛性和稳定性已有完善的理论保障，是目前应用最广的、比较成熟的数值方法。

差分格式大致分为显格式和隐格式。显格式是指任一网格节点上的待求因变量在新的时间层的值可以通过已知时间层上的变量值直接求得；而隐格式的网格节点上的待求因变量不能由已知时间层的函数值直接求出，还需要同一时间层相邻点的函数值作为信息（未知），联立方程组求出此未知，其优点是具有较好的稳定性，缺点是计算量大。

A.13　先验估计法

先验估计是近代研究偏微分方程的一种基本方法和技巧。对偏微分方程定解问题，在解存在的假设下，通过方程系数、自由项及定解条件估计解在某个巴拿赫空间（一般是索伯列夫空间或连续可微函数空间）中的范数的上界的不等式。利用先验估计来探讨偏微分方程定解问题解的存在性、唯一性及光滑性等性质是近代偏微分方程研究的一个重要方法。

先验估计法的基本思想是：为了求得一个奇异摄动问题 P 的渐近解，根据 P 的特点事先提出一个验算估计式，利用它得到一个逐次迭代的方法 F，并用 F 逐步计算出问题 P 的渐近解序列 $\langle S_n \rangle$，然后再用相关理论来证明 $\langle S_n \rangle$ 的一致有效性。

A.14　变分迭代＋摄动法

A.14.1　变分迭代算法

单纯迭代法的主要困难在于收敛性的证明以及如何提高收敛阶,而当精度要求提高时,若是积分方程则势必通过加密剖分来实现,其计算代价是相当大的,为此引进变分迭代法。其基本思想是:先给方程一个近似解(试函数),再引进广义拉式乘子校正近似解,构造一迭代公式(校正泛函),拉式乘子可由变分理论最佳识别(非线性问题中识别拉式乘子时还应用了限制变分概念)。我们可以根据数学归纳法等方法证明其迭代序列的单调性、收敛性和稳定性。

换言之,变分迭代法就是利用变分原理,通过泛函在极值点的变分为零,求得方程的近似解。

它的应用范围非常广泛,如用广义变分迭代法求解诸如相对转动系统的非线性动力学模型的近似解是一个简单而有效的方法,用此法得到的近似解不是简单的离散数值解,它还可以继续进行解析运算,并可作相应的定性和定量方面的分析。

此法不一定必须要在方程中含有小参数,因此在一定的场合下用此法也能得到非摄动方程的近似解。而且它对初始迭代的选取十分关键,选取合理,能较快地得到所要求精度的近似解。选取的策略就是选取原非线性方程对应的线性部分所构成的线性方程的解作为原方程的初始迭代,当然也可根据原方程的特点或模型的物理性态来选取初始迭代,这样可以快捷地得到所要求精度的近似解。

A.14.2　变分迭代＋摄动法

A.14.2.1　背景

方程 $Ax = y, x \in \mathbf{X}, y \in \mathbf{Y}$ 　　　　　　　　　　　　(14-2-1)

算子 $A: x \mid \rightarrow y$ 可为积分算子、微分算子或矩阵,$\mathbf{X}$ 为解空间,$\mathbf{Y}$ 为数据空间。

适定问题:如果它同时满足下述三个条件:

C_1：$\forall\, y\in\mathbf{Y}$，都存在 $x\in\mathbf{X}$ 满足方程式(14-2-1)（解的存在性）；

C_2：设 $y_1,y_2\in\mathbf{Y}$，若 x_1,x_2 分别是上述方程式(14-2-1)对应于 $y_1\neq y_2$ 的解，则 $x_1\neq x_2$（解的唯一性）；

C_3：解 x 连续地依赖于数据 y（解的稳定性）。

不适定问题：若上述三个条件中至少有一个不能满足，则称其为不适定问题。

对于实际问题而言，人们期望解是存在且唯一的。而我们实际处理的通常是具有测量误差或扰动误差的近似数据，"精确"数据却未知，如果原始数据小的扰动将导致近似解相对于真解的较多的误差，那么计算结果将失去实用价值和参考价值，从而变得毫无意义。

目前，线性不适定问题的理论基本完善，处理该类型问题的各种方法在实际应用中也取得了良好的效果，如 Landweber 迭代法、Tikhonov 正则化方法、共轭梯度法等。

然而，关于非线性不适定问题的理论和方法还有待完善。

方程 $F(x)=y,x\in\mathbf{X'},y\in\mathbf{Y'}$ (14-2-2)

算子 $F:x\,|\rightarrow y$ 为非线性算子，$\mathbf{X'},\mathbf{Y'}$ 均为 Hilbert 空间。

就目前而言，在理论和计算效果上比较理想的方法主要有非线性 Tikhonov 正则化方法（或阻尼最小二乘法）、约束最小二乘法、非线性 Landweber 迭代法、Newton 正则化方法、非线性共轭梯度法等。但它们的精度不够高，尤其在微扰条件下，为此创建新法，即变分迭代＋摄动法，以期获得高精度的解。

A.14.2.2　方法介绍

当遇到一类含有小参数的非线性微分方程无法求解时，可以尝试将它的解用小参数的幂级数来表示，再结合使用变分迭代法便能得到高精度的解。若用单纯的变分迭代法，则会忽略小参数的扰动影响，与实际情况的拟合程度就不够理想。在具体实施此法时，当小参数不够小时，直接套用会使误差较大，此时不妨构造一个不够小的参数作为另外两个小参数的线性商，从而拓宽了此法应用的范围。

参 考 文 献

［1］ 仲生仁.尘埃等离子体中非线性波的叠加效应及稳定性问题[J].物理学报,2010,59(4):2178-2181.

［2］ 何广军,田多祥,林麦麦,等.含有带正负电离子的等离子体中的非线性波研究[J].物理学报,2008,57(4):2320-2327.

［3］ 石兰芳,陈贤峰,韩祥临,等.一类 Fermi 气体在非线性扰动机制中轨线的渐近表示[J].物理学报,2014,63(6),22-27.

［4］ 汪维刚,许永红,石兰芳,等.一类双参数非线性高阶反应扩散方程的摄动解法[J].应用数学和力学,2014,35(12):1383-1391.

［5］ 汪维刚,林万涛,石兰芳,等.非线性扰动时滞长波系统孤波近似解[J].物理学报,2014,63(11):110204.

［6］ 许永红,林万涛,徐惠,等.一类相对论转动动力学模型[J].兰州大学学报(自然科学版),2012,48(1):100-103.

［7］ 石兰芳,林万涛,温朝晖,等.一类奇摄动 Robin 问题的内部冲击波解[J].应用数学学报,2013,36(1):108-114.

［8］ 贾兆丽,祝东进.绕积马氏链的几个结果[J].数学研究与评论,2007(27):704-708.

［9］ 封国林,戴兴刚,王爱慧,等.混沌系统中可预报性的研究[J].物理学报,2011,50(4):606-611.

［10］ 马松华,方建平.联立薛定谔系统新精确解及其所描述的孤子脉冲和时间孤子[J].物理学报,2006,65(11):5611.

［11］ 李帮庆,马玉兰,徐美萍,等.耦合 Schr(o)dinger 系统的周期振荡折叠孤子[J].物理学报,2011,60(6):60203.

［12］ 李守伟,祝东进.非齐次马氏链的禁止概率[J].数学的实践与认识,

2010,40(4):162-167.

[13] 池光胜,李公胜.分数阶扩散问题中多参数联合数值反演[J].复旦大学学报,2017,56(6):767-775.

[14] 邓继勤,邓子明.分数阶微分方程非局部柯西问题解的存在和唯一性[J].数学物理学报,2016,36(6):1157-1164.

[15] 蔚涛,罗懋康,华云.分数阶质量涨落谐振子的共振行为[J].物理学报,2013,62(21):210503.

[16] 辛宝贵,陈通,刘艳芹.一类分数阶混沌金融系统的复杂性演化研究[J].物理学报,2011,60(4):48901.

[17] 范文萍,蒋晓芸.带有分数阶热流条件的时间分数阶热波方程及其参数估计问题[J].物理学报,2014,63(14):140202.

[18] 汪维刚,陈贤峰,温朝晖,等.两参数奇摄动非线性椭圆型方程 Robin 边值问题的广义解[J].西北大学学报(自然科学版),2014,44(5):719-723.

[19] 石兰芳,莫嘉琪.用广义变分迭代理论求一类相对转动动力学方程的解[J].物理学报,2013,52(4):40203.

[20] 石兰芳,林万涛,林一骅,等.一类非线性方程类孤波的近似解法[J].物理学报,2013,62(1):10201.

[21] 汪维刚,石兰芳,莫嘉琪.一类生态模型的近似解析解[J].武汉大学学报(理学版),2015,61(4):315-318.

[22] 徐建中,周宗福.一类具有多个变参数的中立型泛函微分方程的反周期解的存在性[J].合肥学院学报,2011,21(4):7-11.

[23] 莫嘉琪,陈贤峰.一类广义非线性扰动色散方程孤立波的近似解[J].物理学报,2010,50(3):1403-1408.

[24] 徐建中,周宗福.一类具有多个偏差变元高阶微分方程反周期解的存在唯一性[J].重庆工商大学学报,2017,34(2):1-5.

[25] 徐建中,莫嘉琪.一类流行性病毒传播的非线性动力学系统[J].南京理工大学学报,2019,43(3):286-291.

[26] 徐建中,莫嘉琪.Fermi 气体光晶格奇摄动模型的渐近解[J].吉林大学学报,2018,56(6):1-6.

[27] 欧阳成,姚静苏,石兰芳,等.一类尘埃等离子体孤子解[J].物理学报,

2014,63(11):110203.

[28] 欧阳成,陈贤峰,莫嘉琪.广义扰动 Nizhnik-Novikov-Veselov 系统的孤波解的孤波解[M].系统科学与数学,2017,37(3):908-917.

[29] 欧阳成,姚静荪,石兰芳,等.一类广义鸭轨迹系统轨线的构造[J].物理学报,2012,61(3):30202.

[30] 欧阳成,林万涛,程荣军,等.一类厄尔尼诺海-气时滞振子的渐近解[J].物理学报,2013,62(6):60201.

[31] 潘留仙,左伟明,颜家壬.Landau-Ginzburg-Higgs 方程的微扰理论[J].物理学报,2005,54(1):1-5.

[32] 徐建中,周宗福.一类四阶具有多个偏差变元 p-Laplacian 中立型微分方程周期解的存在性[J].重庆工商大学学报,2012,29(11):9-16.

[33] 汪维刚,石兰芳,韩祥临,等.捕食—被捕食微分方程种群模型的研究综述[J].武汉大学学报(理学版),2015,61(4):299-307.

[34] 毛杰健,杨建荣,李超英.非均匀量子等离子体中的非线性波[J].物理学报,2012,61(2):20206.

[35] 涂郗,丘梅清,陆小钏,等.一个广义 Camassa-Holm 方程的行波解[J].中山大学学报,2018,57(3):70-75.

[36] 莫嘉琪,林一骅,林万涛.海-气振子厄尔尼诺-南方涛动模型的近似解[J].物理学报,2010,59(10):6707-6711.

[37] 莫嘉琪.扰动 Vakhnenko 方程物理模型的行波解[J].物理学报,2011,60(9):90203.

[38] 冯依虎,莫嘉琪.一类非线性非局部扰动 LGH 方程的孤立子行波解[J].应用数学和力学,2016,37(4):426-433.

[39] 冯依虎,石兰芳,莫嘉琪.飞秒脉冲激光对纳米金属薄膜传导系统研究[J].工程数学学报,2017,34(1):13-20.

[40] 冯依虎,陈怀军,莫嘉琪.一类非线性奇异摄动自治微分系统的渐近解[J].应用数学和力学,2017,38(5):561-569.

[41] 冯依虎,林万涛,莫嘉琪.一类大气量子等离子流体动力学孤立子波渐近解[J].吉林大学学报,2017,55(3):474-480.

[42] 冯依虎,陈贤峰,莫嘉琪.一类免疫缺陷病毒传播的非线性动力学系统

［J］.中山大学学报（自然科学版），2017，56（5）：60-63.

［43］ 汪维刚.变分迭代＋摄动应用研究［M］.长春：东北师范大学出版社，2018.4.

［44］ 汪维刚.薛定谔扰动耦合系统研究［M］.合肥：安徽人民出版社，2020.12.

［45］ 祝东进.多类型模型的 Hydrodynamic 极限［J］.数学年刊 A 辑，2003，24A（3）：355-364.

［46］ 祝东进.随机环境中多类型接触过程的 Hydrodynamic 极限［J］.应用概率统计，2002（18）：214-218.

［47］ 祝东进.随机环境中选举模型的 Hydrodynamic 极限［J］.应用数学，2002（5）：121-125.

［48］ 祝东进.多类型粒子模型的图表示［J］.应用概率统计，2001（17）：189-196.

［49］ 祝东进.随机环境中独立过程的 Hydrodynamic 极限［J］.应用数学，2001（14）：5-9.

［50］ 吴永峰，祝东进.混合序列加权和的完全收敛性［J］.系统科学与数学，2010（30）：296-302.

［51］ 吴永峰，祝东进.两两 NQD 阵列加权和的完全收敛性［J］.应用数学，2008（21）：566-570.

［52］ 许友伟，姚精莎，刘燕.一类高阶方程的奇摄动边值问题［J］.应用数学，2014，27（2）：330-337.

［53］ 石兰芳，汪维刚，莫嘉琪.高维扰动破裂孤子方程行波解的渐近解法［J］.应用数学，2014，27（2）：317-321.

［54］ Keidar M，Robert E. Preface to special topic：plasmas for medical applications［J］. Physics of Plasmas，2015，22（12）：121901.

［55］ Chen J H，Duan W S. Instability of waves in magnetized vortex-like ion distribution dusty plasmas ［J］. Physics of Plasmas，2007，14（8）：83702.

［56］ Duan W S，Shi Y R. The effect of dust size distribution for two ion temperature dusty plasmas［J］. Chaos，Solitons & Fractals，2003，18（2）：

321-328.

[57] Duan W S, Parkes J, Li M M. Wave packet in a two-dimensional hexagonal crystal [J]. Physics of Plasmas, 2005, 12(2):22106.

[58] Han J N, Yang X X, Tiao T X, et al. Head-on collision of ion-acoustic solitary waves in a weakly relativistic electron-positron-ion plasma [J]. Physics Letters A, 2008, 372(27-28):4817-4821.

[59] Li S C, Han J N, Duan W S. Solitons interaction in a spherically symmetric Bose-Einstein condensate [J]. Physica B, 2009, 404 (8-11): 1235-1240.

[60] Mo J Q, Lin W T. Generalized variation iteration solution of an atmosphere-ocean oscillator model for global climate plexity[J]. Journal of Systems Science & Complexity, 2011, 24(2):271-276.

[61] Mo J Q. Solution of travelling wave for nonlinear disturbed long-wave system [J]. Communcations in Theoretical Physics, 2011, 55(3): 387-390.

[62] Mo J Q, Lin W T, Lin Y H. Asymptotic solution for the El Nino time delay sea-air oscillator model[J]. Chinese Physics B, 2011, 20(7): 35-40.

[63] Mo J Q. A Variational iteration solving method for a class of generalized boussinesq equations[J]. Chinese Physics Letters, 2009, 26(6): 7-9.

[64] Mo J Q, Lin W T, Wang H. A class of homotopic solving method for ENSO model [J]. Acta Mathematicae Applicatae Sinica (English Series), 2009, 29(1):101-110.

[65] Chang K W, Howes F A. Nonlinear singular perturbation phenomena: theory and application [J]. Journal of Applied Mathematics and Mechanics, 1984, 66(6):254.

[66] de Jager E M, Jiang F R. The theory of singular perturbation[M]. Amsterdam:North-Holland Publishing Co. , 1996.

[67] Barbu L, Morosanu G. Singularly perturbed boundary-value problems

[M]. Basel:Birkhauserm Verlag A G,2007.

[68] Pao C V. Nonlinear parabolic elliptic equations[M]. New York:
Plenum Press,1992.

[69] Kellogg R B,Kopteva N. A singularly perturbed semilinear reaction-
diffusion problem in a polygonal domain[J]. Journal of Differential
Equations,2010,248(1):184-208.

[70] Tian C R,Zhu P. Existence and asymptotic behavior of solutions for
quasilinear parabolic systems[J]. Acta Applicandae Mathematicae,
2012,121(1):157-173.

[71] Samusenko P F. Asymptotic integration of degenerate singularly per-
turbed systems of parabolic partial differential equations[J]. Journal
of Mathematical Sciences,2013,189(5):834-847.

[72] Wang W G,Shi L F,Xu Y H,et al. Generalized solution of the singu-
larly perturbed boundary value problems for semilinear elliptic equa-
tion of higher order with two parameters[J]. Acta Scientiarum Natu-
ralium Universitatis Nankaiensis,2014,47(2):47-81.

[73] Wang W G,Shi J R,Shi L F,et al. The singularly perturbed solution of
nonlinear nonlocal equation for higher order[J]. Acta Scientiarum
Naturalium Universitatis Nankaiensis,2014,47(1):13-18.

[74] Shi L F,Chen C S,Zhou X C. The extended auxiliary equation method
for the KdV equation with variable coefficients[J]. Chinese Physics
B,2011,20(10):100507.

[75] Mo J Q. A class of singularly perturbed differential-difference reaction
diffusion equation[J]. Advance in Mathematics,2009,38(2):227-231.

[76] Mo J Q,Lin W T. Asymptotic solution of activator inhibitor systems
for nonlinear reaction diffusion equations[J]. Journal of Systems
Science and Complexity,2008,20(1):119-128.

[77] Mo J Q,Chen X F. Homotopic mapping method of solitary wave solu-
tions for generalized complex Burgers equation[J]. Chinese Physics B,
2010,19(10):100203.

[78] Papageorgion N S, Winlert P. Singular p-Laplacian equations with superlinear perturbation[J]. Differential Equations, 2019, 265(2-3): 1462-1487.

[79] Salathiel Y, Amadou Y, Garmbo B G, et al. Soliton solutions and traveling wave solutions for a discrete electrical lattice with nonlinear dispersion through the generalized Riccati equation mapping method[J]. Nonlinear Dynamics, 2017, 87(4): 2435-2443.

[80] Amtontsey S N, Kuznetsov I L. Singular perturbations of forward-backward p-parabolic equations[J]. Elliptic and parabolic equations, 2016, 2(1-2): 357-370.

[81] Mo J Q. Approximate solution of homotopic mapping to solitary wave for generalized nonlinear KdV system[J]. Chinese Physics Letters, 2009, 26(1): 010204.

[82] Zhang D F, Wang B. Acceleration of DDT by non-thermal plasma in a single-trial detonation tube[J]. Chinese Journal of Aeronautics, 2018, 31(5): 1012-1019.

[83] Hu X P, Zhu D J. Asymptotic behavior for random walks in time-random environment on Z1[J]. Journal of Mathematical Research & Exposition, 2008, 28(1): 199-209.

[84] Mo J Q. The solution for a class of nonlinear solitary waves in dusty plasma[J]. Acta Physica. Sinica, 2011, 60(3): 30203.

[85] Mo J Q. Singularly perturbed reaction diffusion problem for nonlinear boundary condition with two parameters[J]. Chinese Physics, 2010, 19(1): 010203.

[86] Chen L P, Pan W, Wang K P, et al. Generation of a family of fractional order hyperchaotic multi-scroll attractors[J]. Chaos, Solitons and Fractals, 2017, 256(12): 346-357.

[87] Yu Y J, Wang Z H. A fractional-order phase-locked loop with time-delay and its Hopf bifurcation[J]. Chinese Physics Letters, 2013, 30(11): 110201.

[88] Rajineesh K, Vandana G. Uniqueness, reciprocity theorem, and plane waves in thermoelastic diffusion with a fractional order derivative[J]. Chinese Physics B, 2013, 22(7): 74601.

[89] Mo J Q, Wang W G, Chen X F, et al. The shock wave solutions for singularly perturbed time delay nonlinear boundary value problems with two papameters[J]. Mathematica Applicata, 2014, 27(3): 470-475.

[90] Samusenko P F. Asymptotic integration of degenerate singularly perturbed systems of parabolic partial differential equations[J]. Mathematics Science, 2013, 189(5): 834-847.

[91] Ge H X, Cheng R J. A meshless method based on moving kriging interpolation for a two-dimensional time-fractional diffusion equation [J]. Chinese Physics B, 2014, 23(4): 40203.

[92] Mo J Q, Lin Y H, Lin W T, et al. Perturbed solving method for interdecadal sea-air oscillator model[J]. Chinese Geographical Science, 2012, 22(1): 42-47.

[93] Mainardi F. Fractional calculus and waves in linear viscoelasticity: an introduction to mathematical models[M]. London: Imperial College Press, 2010.

[94] Xu J Z, Mo J Q. The solution of disturbed time delay wind field system of ocean[J]. Acta Scientiarum Naturalium Universitatis Nankaiensis, 2019, 52(1): 59-67.

[95] Barbu L, Morosanu G. Singularly perturbed boundary-value problems [M]. Basel: Birkhauserm Verlag AG, 2007.

[96] Xu J Z, Zhou Z F. Anti-periodic solutions for a kind of nonlinear nthorder differential equation with multiple deviating arguments[J]. Journal of Chongqing Technology and Business University, 2010, 6: 545-550.

[97] Li S C, Han J N, Duan W S. Solitons interaction in a spherically symmetric Bose-Einstein condensate[J]. Physica B, 2009, 404(8-11): 1235-1240.

[98] Mo J Q. Variational iteration solving method for a class of generalized Boussinesq equation[J]. Chinese Physics Letters, 2009, 26(6): 60202.

[99] Mo J Q, Lin W T, Wang H. A class of homotopic solving method for ENSO model[J]. Acta Mathematica Scientia, 2009, 29(1): 101-110.

[100] Parkes E. J. Some periodic and solitary travelling-wave solutions of the short-pulse equation[J]. Chaos Solitons Fractals, 2008, 38(1): 154-159.

[101] Sirendaoreji, Sun J. Auxiliary equation method for solving nonlinear partial differential equations[J]. Physics Letters A, 2003, 309(5-6): 387-396.

[102] McPhaden M J, Zhang D. Slowdown of the meridional overturning circulation in the upper Pacific ocean[J]. Nature, 2002, 415(3): 603-608.

[103] Ouyang C, Cheng L H, Mo J Q. Solving a class of burning disturbed problem with shock layer[J]. Chinese Physics B, 2012, 21(5): 50203.

[104] Wang W G, Shi L F, Han X L, et al. Singular perturbation problem for reaction diffusion tiime delay equation[J]. Chinese Journal of Engineering Mathematics, 2015, 32(2): 291-297.

[105] Mo J Q, Lin W T. Asymptotic solution of activator inhibitor systems for nonlinear reaction diffusion equations[J]. Journal of Systems Science and Complexity, 2008, 20(1): 119-128.

[106] Golovaty Y. Schrodinger operators with singular Rank-two perturbations and point interaxtions[J]. Integral Equations and Operator Theory, 2018, 90(5): 57.

[107] Deng S B. Mixed interior and boundary bubbling solutions for Neumann problem in R^2 [J]. Differential Equations, 2012, 253(2): 727-763.

[108] Jung Y D. Quantum-mechanical effects on electron-electron scattering in dense high-temperature plasmas[J]. Physics of Plasmas, 2001, 8(8): 3842-3844.

[109] Shukla P K, Ali S. Nonlinearly coupled whistlers and dust-acoustic perturbations in dusty plasmas [J]. Physics of Plasmas, 2005, 12 (12):124502.

[110] Yang J, Xu Y Q, Meng Z Q, et al. Effect of applied magnetic field on a microwave plasma thruster[J]. Physics of Plasmas, 2008, 15(2):23503.

[111] Zhou T J, Yu R, Li H, et al. Ocean forcing to changes in global monsoon precipitation over the recent half-century [J]. Journal of Climate, 2008, 21(15):3833-3852.

[112] Zhou T J, Wu B, Wang B. How well do atmospheric general circulation models capture the leading modes of the interannual variability of the Asian-Australian monsoon? [J]. Journal of Climate, 2009, 22 (5):1159-1173.

[113] Zhou T J, Zhang J. The vertical structures of atmospheric temperature anomalies associated with two flavors of El Nino simulated by AMIP II models[J]. Journal of Climate, 2011, 24(5):1053-1070.

[114] Zhou T J, Wu B, Scaife A A, et al. The CLIVAR C20C project: which components of the Asian-Australian monsoon circulation variations are forced and reproducible? [J]. Climate Dynamics, 2009, 33(7-8): 1051-1068.

[115] Zhou T J, Yu R, Zhang J, et al. Why the Western Pacific subtropical high has extended westward since the late 1970s [J]. Journal of Climate, 2009, 22(8):2199-2215.

[116] Masood W. Drift ion acoustic solitons in an inhomogeneous 2-D quantum magnetoplasma [J]. Physics Letters A, 2009, 373 (16): 1455-1459.

[117] Zhao G Y, Li Y H, Liang H, et al. Flow separation control on swept wing with nanosecond pulse driven DBD plasma actuators[J]. Chinese Journal of Aeronautics, 2015, 28(2):368-376.

[118] Wang B F, Chen B X, Sun Y H. Effects of dielectric barrier discharge plasma on the catalytic activity of Pt/CeO$_2$ catalysts [J]. Applied

Catalysis B:Environmental,2018,23(8):328-338.

[119] Sirendaoerji,Tangetusang.New exact solitary wave solutions to gen-
       eralized mKdV equation and generalized Zakharov-Kuzentsov equa-
       tion[J].Chinese Physics B,2005,15(6):1143-1148.

[120] Mo J Q .Generalized variational iteration solution of soliton for dis-
       turbed KdV equation[J].Commun Theoretical Physics,2010,53(3):
       440-442.

[121] Feng Y H,Mo J Q.The shock asymptotic solution for nonlinear ellip-
       tic equation with two parameters[J].Mathematica Applicata,2015,
       28(3):579-585.

[122] Feng Y H,Chen X F,Mo J Q.The generalized interior shock layer
       solution of a class of nonlinear singularly perturbed reaction diffu-
       sion problem[J].Mathematica Applicata,2016,29(1):161-165.

[123] Feng Y H,Chen X F,Mo J Q .The shock wave solution of a class of
       singularly perturbed problem for generalized nonlinear reaction dif-
       fusion equation[J].Mathematica Applicata,2017,30(1):1-7.

[124] Feng Y H,Wang W G,Mo J Q.The laminate layer solution to a class
       of Cauchy problem for nonlinear nonlocal singularly perturbed frac-
       tional order differential equation[J].Acta Scientiarum Naturalium
       Universitatis Sunyatseni,2018,57(6):145-150.

[125] Rustic G T,Koutavas A,Marchitto T M,et al.Dynamical excitation
       of the tropical pacific ocean and ENSO variability by little ice age
       cooling[J].Science,2015,350(6267):1537-1541.

[126] Shi L F,Lin W T,Lin Y H,et al.Approximate method of solving solitary-
       like wave for a class of nonlinear equation[J].Acta Physica Sinica,
       2013,62(1):10203.

[127] Han X L,Zhao Z J,Cheng R J,et al.Solution of transfers model of
       femtosecond pulse Laser for NANO netal film[J].Acta Physica Sinica,
       2013,62(11):110203.

[128] Anderson M H,Ensher J R,Matthews,et al.Observation of Bose-

Einstein condensation in a dilute atomic vapor[J]. Science,1995,269 (5221):198-201.

[129] Guo W, Wang K, Wu H,et al. Optical chirality of heical quanturm dots[J]. Nanoscience and Nanochnology Letters,2018(7):988-992.

[130] Li Y. Theory of density-density correlations between ultracold Bosons released from optical lattices[J]. Acta Physica Sinica, 2014, (6):66701.

[131] Men F D,Liu H,Fan Z L,et al. Relativistic thermodynamic properties of a weakly interacting Fermi gas[J]. Chinese Physics B, 2009, 18(7):2649-2653.

[132] Zang X F,Li J,Tan L. Nonlinear dynamical properties of susceptibility of a spinor Bose-Einstein condensate with dipole-dipole interaction in a double-well potential[J]. Acta Physica Sinica,2007,56(8): 4348-4352.

[133] Ma Y,Fu L B,Yang Z A,et al. Dynamical phase changes of the self-trapping of Bose-Einstein condensates and its characteristic of entanglement[J]. Acta Physica Sinica,2006,55(11):5623-5628.

[134] Wang W Y,Meng H J,Yang Y,et al. Variable space scale factor spherical coordinates and time-space metric[J]. Acta Physica Sinica, 2012,61(8):87302.

[135] Huang F,Li H B. Adiabatic tunneling of Bose-Einstein condensatein double-well potential[J]. Acta Physica Sinica,2011,60(2):20303.

[136] Modugno G,Roati G,Riboli F,et al. Collapse of a degenerate Fermi gases[J]. Science,2002,297(5590):2240-2243.

[137] Gou X Q,Yan M,Ling W D,et al. Self-trapping and periodic modulation of Fermi gases in optical lattices[J]. Acta Physica Sinica, 2013,62(13):130308.

[138] He J H,Wu G C,Austin F. The variational iteration method which should be followed Nonlinear[J]. Science Letters A,2010,1(1): 1-30.

[139] Han X L, Wang W G, Mo J Q. Generalized solution to the singular perturbation problem for class of nonlinear differential-integral time delay reaction diffusion system[J]. Acta Mathematica Scientia, 2019, 39(2):297-306.

[140] Wu Q K, Wang W G, Chen X F, et al. Generalized solution of a class of singularly perturbed Robin problem for nonlinear reaction diffusion equation[J]. Wuhan University Journal of Natural Sciences, 2014, 19(2):149-152.